► EL JUEGO DE LA CIENCIA ◄

Ecología divertida

Juegos y experimentos por un planeta más verde

David Suzuki
y Kathy Vanderlinden

ONIRO

COLECCIÓN DIRIGIDA POR CARLO FRABETTI

Título original: *Eco-Fun*
Publicado en inglés por Greystone Books, A division of Douglas & McIntyre Ltd.

Traducción de Joan Carles Guix

Diseño de cubierta: Valerio Viano

Ilustraciones de cubierta e interiores: Jane Kurisu

Distribución exclusiva:
Ediciones Paidós Ibérica, S.A.
Mariano Cubí 92 – 08021 Barcelona – España
Editorial Paidós, S.A.I.C.F.
Defensa 599 – 1065 Buenos Aires – Argentina
Editorial Paidós Mexicana, S.A.
Rubén Darío 118, col. Moderna – 03510 México D.F. – México

© 2004 exclusivo de todas las ediciones en lengua española:
    Ediciones Oniro, S.A.
    Muntaner 261, 3.º 2.ª – 08021 Barcelona – España
    (oniro@edicionesoniro.com – www.edicionesoniro.com)

ISBN: 84-9754-107-3
Depósito legal: B-422-2004

Impreso en Hurope, S.L.
Lima, 3 bis – 08030 Barcelona

Impreso en España – *Printed in Spain*

Índice

Mensaje de David Suzuki

De niño tenía un lugar mágico al que solía ir y descubrir algo nuevo y maravilloso. Era una ciénaga a la que podía llegar en bicicleta. Un día encontré un cuervo herido y advertí asombrado que sus congéneres lo rodeaban y graznaban, revoloteando, intentando ayudarlo. Descubrí mofetas, mapaches, garzas y en una ocasión incluso un zorro en aquel embarrado paraje. Muchas veces regresaba a casa empapado y triunfante con huevos de rana o salamandra, pececillos de agua dulce, cangrejos y tortugas para mi acuario.

Aquella ciénaga dio rienda suelta a mi imaginación, me reveló un mundo de inimaginable belleza y diversidad, y despertó en mí una pasión por la naturaleza que ha perdurado toda mi vida. No es pues de extrañar que me graduara en biología y me dedicara al estudio de la genética en los insectos. La mayoría de los investigadores que he conocido también optaron por la investigación porque, de niños, quedaron fascinados por algún detalle de la naturaleza, las estrellas, las mariposas o las flores.

Hoy en día, vivimos cada vez más en grandes ciudades. Los estanques, bosques, ciénagas, acequias y arroyos en los que pasé una buena parte de mi infancia explorando, son más y más difíciles de encontrar o de llegar hasta ellos. Es más fácil navegar por Internet o entretenerse con videojuegos. Estamos rodeados de seres humanos y de todos su asombrosos inventos, tales como los ordenadores, VCR, automóviles y aviones, y es fácil olvidar que somos seres biológicos y que al igual que los perros o los gatos y las flores del jardín o las zanahorias necesitamos aire limpio, agua limpia, alimentos limpios y energía limpia para sobrevivir.

Piensa en todo cuanto hay en tu casa, tu escuela o el lugar de trabajo de tus padres. ¿De dónde proceden los componentes de los ordenadores, la electricidad, la ropa que vistes y los libros que lees? El plástico, el cristal, la energía, la carne y los vegetales proceden de la Tierra. En efecto, la Tierra es la fuente de todo lo que usamos, incluyendo todo cuanto hay en nuestro cuerpo: músculos, sangre, huesos y pelo. No es pues una casualidad que los nativos de todo el mundo se refieran a la Tierra como nuestra madre.

La mejor manera de aprender cosas acerca del mundo que nos rodea es experimentarlas. Trabajaremos para proteger todo lo que amamos, y aprenderemos a amar aquellas cosas con las que hemos establecido una conexión. Este libro contiene actividades que te ayudarán a comprobar y experimentar el mundo desde una perspectiva diferente, poniéndote en contacto con la naturaleza y recordándote que también tú eres hijo de la Tierra.

Introducción

Este libro se titula *Ecología divertida*. Las actividades con las que estás a punto de pasar un buen rato están, pues, relacionadas con la ecología, es decir, la relación de los seres vivos entre sí y con todo lo que los rodea, o hábitats (en griego, «eco» significa literalmente «casa»).

La idea de que las cosas están vinculadas entre sí es muy importante. Los científicos han descubierto que lo que mantiene vivo y sano nuestro planeta es todo lo que contiene trabajando en armonía con todo lo demás. Esto quiere decir que el aire, la tierra, la energía del sol y la gran familia de las plantas y animales deben cooperar juntos como si de un equipo se tratara.

¿Y qué tiene que ver todo esto contigo? Bien, como bien sabes, eres un animal, un animal humano, de manera que también tú formas parte del equipo. Para vivir necesitas aire limpio para respirar, agua potable para beber, tierra fértil en la que cultivar los alimentos y la energía solar para impulsar la nave espacial Tierra. Asimismo, necesitas biodiversidad, es decir, millones de tipos diferentes de plantas y animales viviendo en innumerables tipos de hábitats.

Tal vez pienses que todo esto no va contigo, pero por extraño que parezca, también está en tu interior. Inspiras aire, lo filtras a través del organismo y espiras dióxido de carbono, un gas que absorben las plantas. Bebes agua y luego la devuelves al entorno en forma de residuos orgánicos tales como el sudor. Comes alimentos que han crecido en la tierra, los ha regado la lluvia y han recibido el calor del sol. Y todas estas plantas y animales limpian el aire, fertilizan la tierra, absorben la energía solar y te la transmiten. Tienes agua, aire y energía en cada célula de tu cuerpo.

Así pues, comprenderás cuán importante es para nosotros los humanos aportar nuestro granito de arena para mantener sana la Tierra. Por desgracia, recientemente no hemos estado haciendo demasiado bien las cosas. Hemos construido un mundo de lanzaderas espaciales, rascacielos y ordenadores muy emocionante, pero que ha dañado gravemente el mundo natural. Debemos aprender a equilibrar nuestro deseo de progreso y posesiones materiales con la necesidad de gozar de un planeta sano con el fin de que también tus tataranietos y sus hijos puedan disfrutarlo.

Descubre el extraordinario mundo natural que es tu hogar. A medida que vayas explorando las actividades de este libro, estarás trabajando con el aire, el agua, la tierra, la energía, las plantas y los animales. Algunos proyectos te ayudarán a comprender cómo son estos elementos, qué hacen o cómo están relacionados contigo. Otros te mostrarán cómo están siendo dañados y qué se puede hacer al respecto. Y otros, en fin, te proporcionarán ideas para contribuir a que nuestro maravilloso planeta sea un lugar mejor.

Unas cuantas advertencias. Lee cada actividad antes de poner manos a la obra. Así te evitarás sorpresas desagradables a medio hacer. A menudo te verás obligado a improvisar si no tienes a mano el material necesario. Por ejemplo, puedes confeccionar un embudo enrollando papel grueso en forma de cono. Aprovecha cajas reciclables a modo de recipientes, pide ayuda a un adulto cuando sea necesario y anima a tus amigos a participar. Y lo más importante: ¡diviértete!

Sano y seguro

Protégete

Algunas de las actividades de este libro incluyen «Consejos de seguridad» que te permitirán evitar accidentes tales como cortarte un dedo o provocar un incendio. Veamos un breve resumen para que lo tengas presente a medida que vayas experimentando con los proyectos que te propone el libro:

▌ Lee siempre la actividad antes de empezar para saber exactamente lo que vas a hacer. Cuando realices el experimento, presta mucha atención a cada paso.

▌ Pide ayuda a un adulto cuando utilices cerillas, un horno, electrodomésticos, cuchillos, taladros o martillo y clavos.

▌ Nunca mires directamente al sol. Puede dañarte los ojos.

▌ Usa gafas de seguridad cuando tritures piedras con un martillo o hagas cualquier otra cosa que pudiera poner en peligro tus ojos.

▌ A menos que la actividad así lo sugiera, no comas ni pruebes nada.

▌ Es una buena idea ponerte guantes de jardinería o de goma al manipular tierra. Ésta podría contener bacterias.

▌ Lávate las manos al terminar una actividad.

Proteger el mundo natural

▌ Trata con cuidado y respeto las plantas, los animales, la tierra y el agua.

▌ Cuida de los animales con los que trabajes durante los experimentos. Manéjalos con sumo cuidado y asegúrate de que no les falta alimento, agua y aire. Cuando hayas concluido la actividad, devuélvelos al lugar en el que los encontraste.

▌ Pide permiso antes de recoger plantas y no perturbes su entorno.

▌ Cuando realices una actividad al aire libre, procura alterar el entorno lo menos posible.

▌ Siempre que sea posible, recicla o reutiliza los materiales (agua, papel, etc.) que hayas usado en el proyecto.

1 Una bocanada de aire fresco

No puedes verlo ni tampoco puedes atraparlo, pero lo cierto es que necesitas aire cada segundo de tu vida. Está a tu alrededor y en tu interior, inspirando, espirando... El aire está en el interior de todos los animales y plantas de nuestro planeta, y lo intercambiamos constantemente.

Imaginemos que estás sentado en el suelo con tu perro. Tú y *Rex* estáis respirando el mismo aire. Tú espiras átomos (partículas invisibles) de aire y *Rex* inspira otros tantos. Luego, él espira átomos y tú... Bueno, ya has captado la idea. Un nuevo significado de la frase «el mejor amigo del hombre».

Pero ¿qué es el aire? El aire es un gas (materia flotante, invisible y sin forma) compuesto de un 78% de nitrógeno, 21% de oxígeno y 1% de otros gases. El oxígeno es el gas más importante para los animales, y por ende también para nosotros, los humanos, ya que se consume en nuestro organismo, donde realiza un trabajo esencial, como por ejemplo, mantener despierto el cerebro.

Otro de los gases que siempre están presentes en nuestro interior es el dióxido de carbono, que elaboramos nosotros mismos. Cuando el cuerpo digiere alimentos o desarrolla la musculatura, por ejemplo, se produce dióxido de carbono en forma de subproducto, y dado que no lo necesitamos para nuestra supervivencia, lo expulsamos casi por completo.

Y ahí reside la parte esencial del proceso. Las plantas hacen exactamente lo contrario, es decir, absorben dióxido de carbono y exhalan oxígeno. En consecuencia, las plantas y los animales tienen un sistema bidireccional (de ida y vuelta) que los beneficia. Las plantas vierten en el aire una buena parte de oxígeno. Media hectárea de árboles puede liberar 1.900 kg de oxígeno en un año.

Los árboles también contribuyen a mantener el aire limpio absorbiendo los contaminantes, tales como el dióxido de azufre y el ozono (el ozono es necesario para protegernos de los rayos ultravioletas del sol, pero sólo si está en las capas altas de la atmósfera; a ras del suelo es perjudicial para las células). Pero en ocasiones el aire está tan polucionado que los árboles

y otras plantas son incapaces de limpiarlo. En realidad, sucede todo lo contrario: la polución los daña o mata.

La contaminación del aire procede de las fábricas, casas, automóviles y camiones. Las peligrosas sustancias químicas que liberan en el aire se precipitan sobre las plantas, el agua y la tierra, y nosotros y otros animales lo respiramos.

Los gobiernos y las empresas pueden hacer muchísimo para contribuir a la limpieza del aire. Por ejemplo, los fabricantes de automóviles han construido un nuevo tipo de coches que funcionan mediante una combinación de gas y energía eléctrica. Estos «híbridos» liberan menos sustancias químicas contaminantes que los modelos estándar.

El esfuerzo combinado de las personas, familias y comunidades también puede marcar la diferencia. Las siguientes actividades te inspirarán algunas ideas.

Algo en el aire

El aire no puedes verlo, pero aun así existe. Estos dos experimentos te lo demostrarán.

Material necesario

- Cuenco grande de cristal o recipiente de plástico
- $1/2$ hoja de papel de periódico
- Vaso de cristal
- Pieza de cartulina gruesa de alrededor de 12 cm^2

Procedimiento

VASO DE AIRE

1. Realiza este experimento en el fregadero. Coloca el cuenco y llénalo de agua.

2. Arruga el papel de periódico e introdúcelo en el vaso, presionándolo para que quede sujeto a la base. Sostén el vaso boca abajo y sumérgelo en el cuenco (asegúrate de que sea lo bastante hondo como para cubrir el vaso). Retira el vaso. ¿Está mojado el papel? Sumérgelo ahora boca arriba. ¿Qué ocurre?

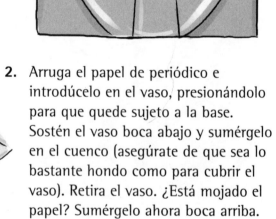

CARTULINA MÁGICA

1. Hazlo también en el fregadero. Vacía el vaso y llénalo e nuevo hasta la mitad.

2. Humedece el borde del vaso con el dedo y coloca la cartulina.

3. Presiona la cartulina contra el borde del vaso para que no penetre el aire. Sin dejar de presionar la cartulina con una mano, vuelve el vaso del revés con la otra. Ahora suelta la cartulina con mucho cuidado. ¿Ha dado resultado al primer intento? ¿Qué sucedería si colocaras el vaso en posición horizontal antes de soltar la cartulina?

Explicación

En el experimento «Vaso de aire», el agua no llenaba el vaso porque éste ya estaba lleno de algo que no podía salir: aire. Pero al sumergirlo boca arriba, el aire no quedó atrapado en un espacio cerrado, de manera que el agua penetró en su interior. En «Cartulina mágica», el agua permaneció dentro del vaso porque la presión del aire en la habitación que empujaba la cartulina era superior a la del agua que empujaba la cartulina.

Cuestión de peso

El aire no sólo tiene sustancia (es una «cosa») y presión, sino también masa. Intenta pesarlo.

Material necesario

- 2 globos
- Cinta adhesiva
- Regla
- Hilo o cuerda

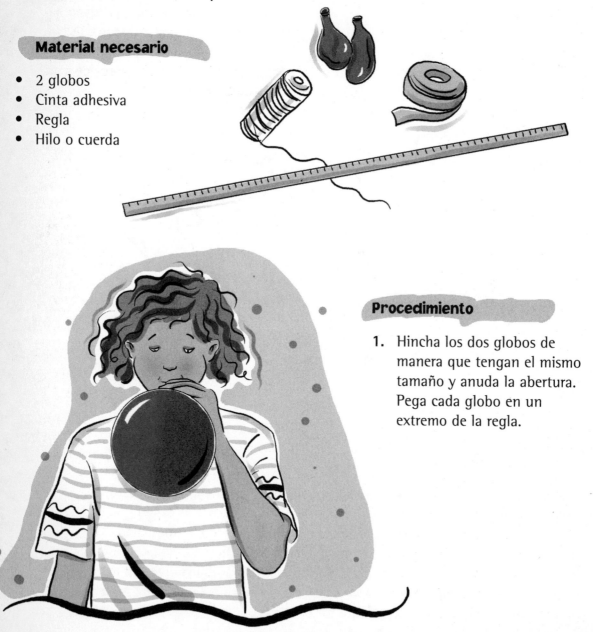

Procedimiento

1. Hincha los dos globos de manera que tengan el mismo tamaño y anuda la abertura. Pega cada globo en un extremo de la regla.

2. Ata un extremo del hilo o cuerda en el centro de la regla y pega el otro en el borde de una mesa, de forma que la regla cuelgue como si de un móvil se tratara. Si los globos no quedan bien equilibrados, desplaza el hilo a la derecha o la izquierda hasta conseguirlo. Ahora tienes una balanza con dos pesos iguales en cada extremo.

3. Pincha un globo. ¿Qué sucede? ¿Por qué?

Explicación

El globo inflado desciende, ya que contiene aire en su interior (pesa más que el globo pinchado). El peso del aire depende muchísimo de la temperatura del aire. El aire caliente es más ligero que el aire frío. Muchos fenómenos atmosféricos, tales como la formación de las nubes o su disipación, están provocados por una capa de aire caliente ascendente o de aire frío descendente.

Las plantas y el oxígeno

Todos necesitamos oxígeno que respirar en cada segundo de nuestra vida. ¿De dónde procede el oxígeno? Las plantas lo «espiran» a través de las hojas. Con este experimento verás lo que ocurre. Hazlo en el fregadero de la cocina para no salpicarlo todo.

Material necesario

- Cuenco grande de cristal o plástico
- Recipiente de plástico transparente de tamaño mediano
- Plantas acuáticas (por ejemplo, algas de un estanque o de una tienda especializada en acuarios)

Procedimiento

1. Coloca el cuenco en el fregadero y llénalo de agua.

2. Pon el recipiente de plástico en posición horizontal y llénalo de agua, procurando que la boca quede completamente sumergida y no entre aire.

3. Manteniendo siempre la boca del recipiente bajo el agua, vuélvelo del derecho dentro del cuenco.

4. Coloca las plantas debajo del recipiente, sin dejar que se escape el agua.

5. Si es necesario, vierte un poco de agua del cuenco para no salpicar el suelo al transportarlo. Sácalo del fregadero y ponlo en un lugar soleado. Déjalo durante algunas horas. ¿Qué ocurre?

6. Deja reposar el cuenco un poco más. ¿Qué ves ahora?

Explicación

Lo primero que deberías observar es varios hilillos de burbujas de oxígeno en el recipiente de plástico. Al igual que todas las plantas verdes, tus plantas acuáticas fabrican oxígeno como parte de la fotosíntesis (véase «Fotosíntesis» en p. 24). Tras haber dejado reposar el cuenco un poco más, advertirás un pequeño espacio de aire en la parte superior del recipiente. El oxígeno ha desplazado una parte del agua.

💡 Más ideas...

• Mezcla unas cuantas gotas de colorante para alimentos en el cuenco al llenarlo. De este modo verás mejor el agua.

• Las plantas fotosintetizan más deprisa en presencia de una luz intensa. Enciende una lámpara, colócala sobre las plantas acuáticas y verás cómo se acelera todo el proceso.

Detectores de polución

Al igual que no puedes ver el aire, a menudo tampoco puedes ver la polución que hay en él. ¿Hasta qué punto es limpio el aire que respiras?

- Varios vasos de plástico limpios y secos
- Vaselina
- Lupa
- Bloc y lápiz
- El mismo número de latas vacías de gran tamaño que vasos, sin la base ni la sección superior
- Cinta adhesiva

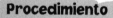

Procedimiento

1. Decide los lugares en los que vas a verificar la polución del aire. Elige una variedad de emplazamientos, incluyendo algunos que en tu opinión estén bastante limpios (tu habitación, el jardín o un parque), algunos que consideres contaminados (cerca de una autopista) y otros intermedios (calle de tu ciudad).

2. Embadurna el exterior de uno de los vasos con vaselina y examínalo con la lupa. Anota lo que ves. Debes saber qué aspecto tiene un vaso limpio para poder comparar tus averiguaciones más tarde.

3. Pon el vaso en el primer lugar del test y etiquétalo con un trocito de cinta adhesiva pegada en su interior. Cubre el vaso con una lata; evitará que el polvo interfiera en los resultados. Ya tienes tu primer detector.

4. Construye los restantes detectores y colócalos en los emplazamientos del test. Anota en cada etiqueta el nombre

del lugar. Procura buscar sitios resguardados de la lluvia, ya que ésta podría «limpiar» los resultados.

5. Verifica los detectores a diario durante una semana y anota los cambios observados.

6. Recoge los detectores transcurrida la semana y examínalos detenidamente con la lupa. ¿Adviertes muchas diferencias entre los vasos? ¿Has atrapado partículas de aspecto extraño? ¿Hay «sorpresas»?

7. He aquí una guía aproximada de polución. Traza un cuadrado de $0,5 \text{ cm}^2$ en cada detector y cuenta el número de partículas que puedes distinguir. Si hay alrededor de 15, es probable que el lugar esté bastante limpio, ¡pero si hay 100 o más, procura no respirar profundamente en esta área!

 ## Más ideas...

Si quieres disponer de un registro permanente, recoge dos o tres hojas de cada emplazamiento del test y mételas en otras tantas bolsas de plástico etiquetadas. Una vez en casa, pega una tira de cinta adhesiva en cada hoja, en la cara anterior y posterior. Las partículas se pegarán en la cinta. Retira las cintas adhesivas, pégalas en el bloc y etiquétalas con el nombre del lugar donde recogiste las muestras. ¿Observas alguna diferencia entre estos resultados y los de los detectores de polución?

JARDÍN   AUTOPISTA

PARQUE

Refrigerantes estivales

Donde mejor se está los días soleados es debajo de un árbol. La sombra del follaje te protege del sol..., pero eso no es todo. Las plantas enfrían el aire que los rodea a través de la transpiración. Veamos cómo lo hacen.

Material necesario

- Árbol o arbusto
- Bolsa de plástico pequeña
- Guijarro
- Cierre hermético (tirilla de alambre plastificado)
- Vaso de medidas
- Cucharas de medidas.

Procedimiento

1. Busca un árbol o arbusto sano y elige un tallo frondoso en el extremo de una rama.

2. Hincha la bolsa, asegurándote de que no tiene ningún agujero (ínflala como un globo). Coloca el guijarro dentro de la bolsa y envuelve el tallo.

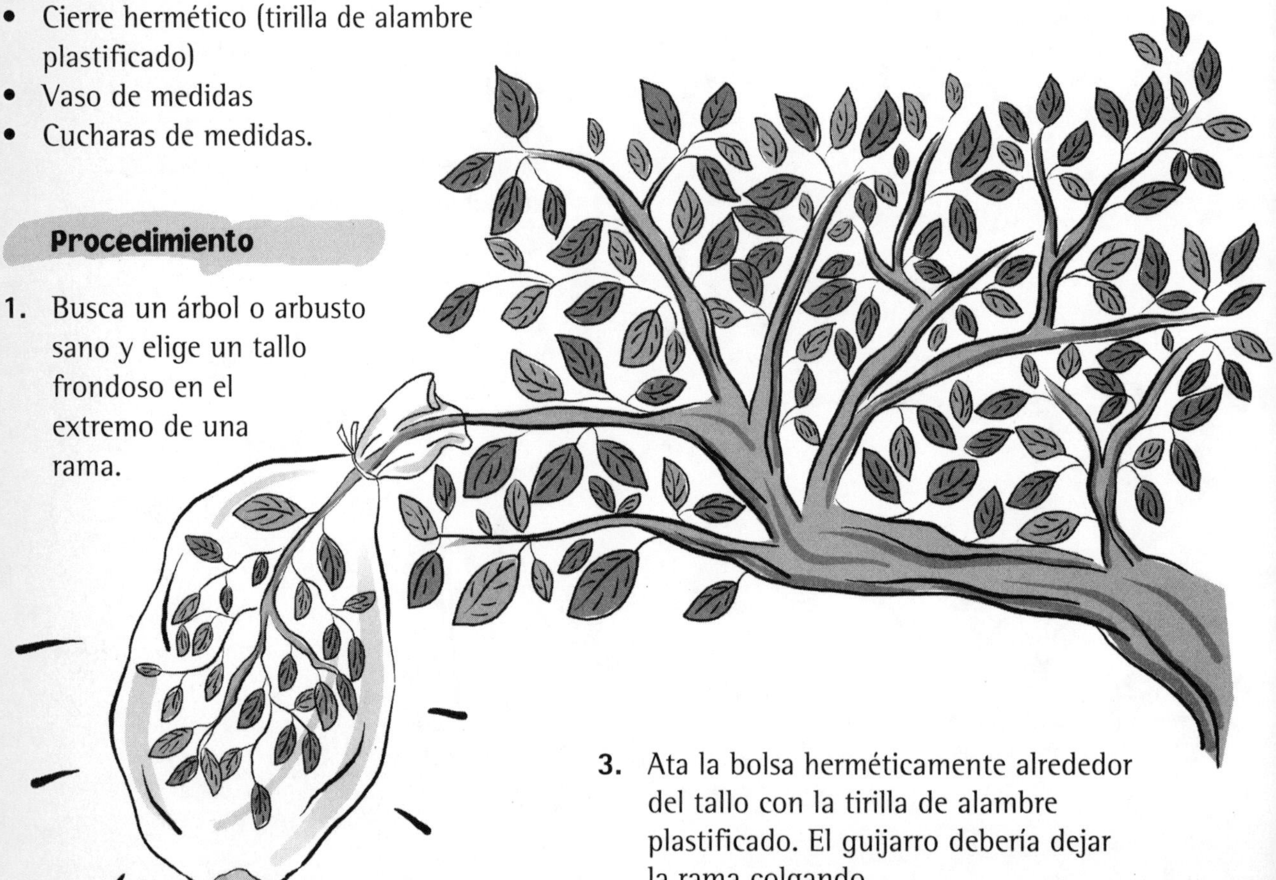

3. Ata la bolsa herméticamente alrededor del tallo con la tirilla de alambre plastificado. El guijarro debería dejar la rama colgando.

4. Transcurridas veinticuatro horas, retira la bolsa y vierte el agua en un vaso de medidas. Si hay muy poco agua que medir, usa una cuchara de medidas.

5. Y ahora las matemáticas. Divide la cantidad de agua por el número de hojas del tallo. Esto te dará la cantidad de agua que ha transpirado cada hoja. Por ejemplo, supongamos que has recogido 50 ml de agua (3 cucharadas) y el tallo tiene 5 hojas. Esto significará que cada hoja ha exhalado 10 ml de agua (alrededor de 2 cucharaditas de café) (50 ml / 5 hojas = 10 ml). Ahora cuenta ¡de manera aproximada! el número de hojas que hay en el arbusto o árbol y multiplícalo por la cantidad de agua exhalada para averiguar la cantidad de agua que transpira todo el árbol en un día. ¿Asombrado?

Explicación

Al igual que transpiras a través de los poros de la piel, las hojas lo hacen a través de unas minúsculas aberturas llamadas estomatas, Durante el proceso, el agua de las hojas se transforma en vapor de agua (un gas), y este cambio consume energía calorífica del aire. Dicho de otro modo, enfría el aire. En un día soleado, un árbol de gran tamaño es capaz de liberar muchos litros de vapor de agua en el aire, y un bosque puede enviar tanto que incluso influye en el clima y las precipitaciones en la zona.

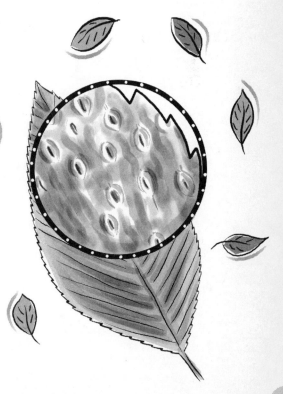

Coge una moneda, cualquier moneda

Con esta actividad aprenderás algunas cosas acerca de las propiedades del aire y el agua, pero por encima de todo, te enseñará a dejar con la boca abierta a tus amigos. Ensaya el truco antes de realizarlo en público.

Material necesario

- Plato plano transparente o blanco
- Vaso grande y transparente
- Aceite
- Moneda pequeña
- Colorante para alimentos
- Agua
- Vela de cumpleaños
- Pequeña peana para velas (por ejemplo, un tapón de corcho con orificios)
- Cerillas

Procedimiento

1. Primero, los preparativos. Unta muy ligeramente el plato y el borde del vaso con aceite. Pon la moneda en el plato, cerca de uno de sus bordes.

2. Colorea un vaso de agua para verla mejor. Lentamente, vierte la cantidad suficiente de agua en el plato para cubrir ligeramente la moneda. ¡Esto es muy importante! Si echas demasiada agua, el truco no dará resultado.

3. A continuación, necesitas público. Bastará con unos cuantos amigos... y tu perro. Desafíalos a retirar la moneda del plato sin mojarse los dedos y sin utilizar ningún instrumento. Tampoco se puede verter el agua o mover el plato.

4. Cuando todos se hayan dado por vencidos, diles que tú sí serás capaz de retirar la moneda utilizando una vela mágica, una cerilla y un vaso.

El fuego necesita oxígeno para arder. Cuando la llama de la vela se ha extinguido, casi todo el oxígeno del aire presente en el interior del vaso se escapa. Al quemar el oxígeno, la llama vacía parcialmente el vaso de aire, es decir, crea un vacío parcial. Dado que el aire fluye hacia el interior para llenar el vacío, la presión del aire exterior tira del aire hacia dentro, succionando también el agua.

¡ATENCIÓN! PIDE PERMISO ANTES DE UTILIZAR LAS CERILLAS O SOCLICITA LA SUPERVISIÓN DE UN ADULTO.

5. Pon la vela en la peana y colócala en el plato, lo más lejos posible de la moneda. Prende la vela y cúbrela con el vaso.

6. Cuando se extinga la vela, el agua se desplazará hasta el interior del vaso. ¿Y ahora qué? ¡Coge la moneda!

💡 Más ideas...

Añade el truco de la cartulina (véase p. 13, «Cartulina mágica») a tu Show del Aire Mágico y desafía a tus amigos a sostener el vaso de agua del revés sin salpicar ni una gota.

Fotosíntesis

Las plantas exhalan oxígeno como producto residual de su trabajo principal: elaborar alimentos. Este experimento examina este maravilloso proceso llamado fotosíntesis.

Material necesario

- 4 o 5 hojas frescas de distintos tipos
- Platitos de postre u otros recipientes
- Alcohol
- Cartulina
- Tijeras
- Clips sujetapapeles
- Vaselina

Procedimiento

1. Mete todas las hojas menos una en recipientes o platitos separados y cúbrelas con alcohol. Transcurridas unas horas, observa los recipientes. ¿Qué ha sucedido?

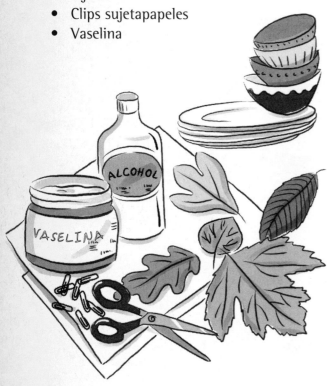

2. Rasga con cuidado la última hoja por la mitad. En el envés apreciarás una fina película transparente. Si pudieras verla al microscopio, observarías unos minúsculos orificios denominados estomatas, es decir, los «poros» de las plantas (véase p. 21).

3. Corta pequeñas figuras de cartulina (tus iniciales, etc.), elige un árbol o arbusto con las hojas verdes y coloca las figuras, a modo de parches, en varias hojas, sujetándolas con clips. Procura que cubran sólo una parte de la hoja. Espera una semana, retira los parches y observa las hojas. ¿Qué ves?

4. Al mismo tiempo que aplicas las figuras de cartulina, elige otra hoja y revístela de vaselina. ¿Puede atravesarla la luz? Observa la hoja transcurridos algunos días. ¿Qué ha ocurrido? Compara esta hoja con las que habías parcheado. ¿Aprecias alguna diferencia?

Explicación

Las hojas elaboran su alimento. Para ello utilizan la luz del sol, el dióxido de carbono del aire, el agua y los nutrientes de la tierra, así como su propia coloración verde, la clorofila. En el paso 1, el alcohol se volvió verde al disolver parte de la clorofila en las hojas. En el paso 3, la cartulina impidió que la luz solar alcanzara determinadas partes de la hoja, deteniendo el proceso de fotosíntesis, y en el paso 4, la vaselina transparente dejó pasar la luz a través, pero bloqueó los estomatas; la hoja no podía respirar.

Observando el calor

La temperatura del aire influye decisivamente en su comportamiento. Realiza estas actividades y verás el calor en acción.

GLOBO

Material necesario

- Botella pequeña de plástico
- Globo

Procedimiento

1. Mete la botella en el frigorífico para enfriarla.

2. Ajusta la abertura del globo en la boca de la botella.

3. Deja correr un poco de agua en el fregadero o en una bandeja, pon la botella en el agua y sujétala. ¿Qué sucede? ¿Por qué?

4. Mete de nuevo la botella y el globo en el frigorífico durante 5 minutos. ¿Qué ocurre ahora?

DANZA EN ESPIRAL

Material necesario

- Lápiz
- Hoja de papel grueso (por ejemplo, cubierta de una revista)
- Tijeras
- Hilo de 30 cm de longitud

Procedimiento

1. Dibuja una espiral de 15 cm de diámetro en la hoja de papel (véase ilustración), y recórtala siguiendo la línea circular.

2. Con las tijeras, practica un pequeño orificio en el centro de la espiral. Anuda un extremo del hilo, ensartando el otro a través del orificio, de abajo arriba. Anuda también el otro extremo.

3. Sostén la espiral sobre un radiador o una bombilla encendida. ¿Qué sucede?

¡ATENCIÓN!
NO PRUEBES LA ESPIRAL SOBRE QUEMADORES ENCENDIDOS, CHIMENEAS, VELAS U OTROS OBJETOS DE LLAMA, PUES PODRÍA PRENDER EN EL PAPEL.

4. Busca corrientes de aire caliente en otros lugares de la casa. ¿Dónde puedes encontrar aire caliente ascendente?

Explicación

Cuando el aire se calienta, sus moléculas se dispersan y se vuelve más ligero. El aire caliente asciende y el frío desciende. Al moverse el aire, la espiral y el globo también se mueven.

2 Agua

¿Qué crees que es lo más corriente en el mundo? ¿Te sorprendería si te dijéramos que es el agua? Pues es verdad. El agua cubre el 74% de la superficie terrestre. Y no sólo eso, sino que tú mismo estás lleno de agua. Tu cuerpo contiene alrededor de un 70% de agua, casi toda en las células.

Todos los animales y plantas necesitan un suministro constante de agua para vivir. Probablemente hayas visto la hierba marchitarse y amarronarse en un verano caluroso, cuando no abundan las precipitaciones. Sólo algunos animales especialmente adaptados pueden sobrevivir en los áridos desiertos. El ser humano consume enormes cantidades de agua, no sólo para beber, sino también para limpiar, cocinar y regar las cosechas, además de producir energía hidroeléctrica y toda clase de procesos fabriles.

Afortunadamente, el ciclo del agua de la Tierra mantiene el agua en constante circulación. El agua se evapora en el aire ascendiendo desde los océanos y lagos, plantas y animales, y luego regresa a la tierra en forma de lluvia o nieve.

Con toda esa ingente cantidad de agua que nos rodea, podrías pensar que hay más que suficiente para todos, pero por desgracia no es así. La mayor parte del agua es salada, y nosotros necesitamos agua potable para beber. Asimismo, el agua se halla en lugares a los que no se puede acceder fácilmente, como por ejemplo los casquetes polares y manantiales subterráneos.

Por otro lado, la distribución del agua en la Tierra no es uniforme. En general, los países desarrollados son muy afortunados al contar con un buen suministro de agua potable y de dinero para canalizarla. La mayoría de nosotros podemos disponer de toda el agua que queramos simplemente abriendo el grifo, pero en muchas regiones más pobres y secas del planeta la gente tiene que transportarla en cubos desde varios kilómetros de distancia o bien comprarla en bidones.

Asimismo, y lo que es más importante, las actividades humanas están contaminando el agua en los lagos, ríos y océanos. Las mismas cosas que polucionan el aire, hacen lo propio con el agua y la vida acuática. La polución se precipita en el agua desde el aire o la arrastra la lluvia, afectando a la salud de todo cuanto depende del agua, es decir, el hombre, los animales y las plantas.

El agua no es propiedad de nadie; formamos parte de ella y ella forma parte de nosotros. Somos responsables de cuidarla de la misma forma que ella cuida de nosotros. En las siguientes actividades aprenderás cómo se puede cuidar mejor esa curiosa materia húmeda que forma parte de ti. Así pues, ¿a qué esperas? ¡Zambúllete!

La «estatura» del agua

¿Sabes cuánto llueve en la zona en la que vives? Este sencillo pluviómetro te dará la respuesta.

Material necesario

- Botella de plástico transparente de gran tamaño
- Tijeras
- Cinta métrica vieja o cinta adhesiva y una regla
- Termómetro
- Bloc y lápiz

Procedimiento

1. Corta el tercio superior de la botella.

¡ATENCIÓN! PIDE LA AYUDA DE UN ADULTO.

2. Coloca la sección cortada del revés para formar un embudo. Así evitarás que las hojas y otros objetos penetren en la botella.

3. Mide la altura de la botella con una regla y corta la cinta métrica en esa marca. Pégala en el interior. Si no dispones de una cinta métrica vieja, puedes dividir en centímetros un trozo de cinta adhesiva.

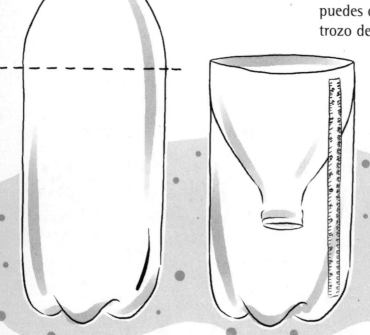

4. Busca un lugar al aire libre alejado de los edificios y los árboles, pero donde el pluviómetro no corra el riesgo de caerse. Haz un hoyo en el suelo, mete el pluviómetro y coloca unas cuantas piedras alrededor de la base a modo de apoyo.

5. Observa el pluviómetro cada vez que llueve. ¿Cuánta lluvia ha caído en la botella? Anótalo en el bloc.

6. Al mismo tiempo, verifica la temperatura del agua con el

termómetro. Anótalo también en el bloc.

7. Vacía la botella una vez anotada la cantidad de lluvia y la temperatura del agua. Si llueve mucho, podrías hacer una lectura una vez al día o a la semana. Anota siempre la fecha de cada lectura.

Más ideas...

- Compara las lecturas de la lluvia con las que se publican en los periódicos o se facilitan en los partes meteorológicos en la televisión.

- Guarda los registros durante un mes o toda una estación y confecciona una gráfica con los resultados.

¿Lluvia ácida? ¡No, gracias!

La lluvia ácida es un tipo de lluvia que contiene sustancias químicas peligrosas tales como óxido de nitrógeno y dióxido de azufre. Estos gases proceden de las chimeneas de las fábricas y los tubos de escape de los automóviles. Con este experimento descubrirás lo que les ocurre a las plantas cuando la lluvia ácida es excesiva.

Material necesario

- 4 tarros de cristal o de plástico con tapa, todos del mismo tamaño, lo bastante grandes como para contener por lo menos 500 ml (2 vasos) de agua.
- Cinta adhesiva
- Bolígrafo o rotulador
- Vaso de medidas
- 300 ml (1¼) de vinagre
- 4 plantas sanas con maceta, de la misma especie y tamaño
- Bloc y lápiz

Procedimiento

1. Llena un tarro con agua de lluvia.
2. Confecciona etiquetas para los tarros con tiras de cinta adhesiva. Etiquétalos como sigue: 1) «Poco ácida», 2) «Muy ácida», 3) «Agua corriente» y 4) «Agua de lluvia». Etiqueta las macetas del mismo modo.

3. Vierte 50 ml (¹/₄ de vaso) de vinagre en el tarro 1 y llena el resto con agua corriente. Vierte 250 ml (1 vaso) de vinagre en el tarro 2 y llena el resto con agua corriente. Llena también el tarro 3 con agua corriente, y el 4 con agua de lluvia.

4. Coloca las plantas en un lugar soleado, una junto a otra, para que reciban la misma cantidad de luz. Riégalas con agua de su tarro correspondiente. Hazlo cada dos o tres días para que la tierra se mantenga húmeda.

5. Observa las plantas a diario durante dos o tres semanas. ¿Tienen todas el mismo aspecto saludable? ¿Se caen las hojas en unas antes que en otras?

¿De qué color son las hojas de cada planta? ¿Cuándo empezaste a advertir los cambios? ¿Qué planta empezó a marchitarse antes? ¿Qué aspecto tiene la planta 4, regada con agua de lluvia, comparada con las demás? ¿Qué podría indicarte acerca de la lluvia que cae en tu área?

Explicación

La planta que ha recibido la «lluvia» más ácida (planta 2) se marchitará y morirá. La siguiente más débil debería ser la planta 1, con un riego un poco ácido. La lluvia ácida afecta a las plantas y a los animales acuáticos por un igual. Cuando más ácida es, más daños provoca.

 Más ideas...

Para comprobar el efecto de la lluvia ácida en los edificios, empapa un pedazo de tiza en vinagre y otro en agua. Déjalos reposar toda la noche. La tiza se parece a la caliza, una roca utilizada en la construcción de algunos edificios y monumentos.

Destilación solar de agua pura

Esta miniversión del asombroso ciclo del agua de la Tierra limpia el agua (purifica) de sus impurezas. Este proceso, llamado destilación, emplea los mismos métodos naturales que el ciclo del agua (evaporación y condensación), con la única diferencia de que en este caso todo sucede en una fuente para hornear.

Material necesario

- Agua
- Fuente para hornear grande
- Tierra de jardín o de vivero de plantas
- Vaso más corto que la altura de la fuente
- Guijarros limpios
- Film de plástico para cubrir la fuente
- Cinta adhesiva

Procedimiento

1. Para ensuciar el agua, vierte 5 cm de agua en la fuente, añade tierra y remuévelo.

2. Para construir el alambique de destilación, coloca el vaso en el centro de la fuente. Si se mueve, coloca unos cuantos guijarros en su interior.

3. Humedece el borde de la fuente para conseguir un cierre hermético, coloca un trozo de film de plástico sobre la fuente y ténsalo, pero dejando una leve combadura (tal vez necesites ayuda). Sujeta el plástico con cinta adhesiva.

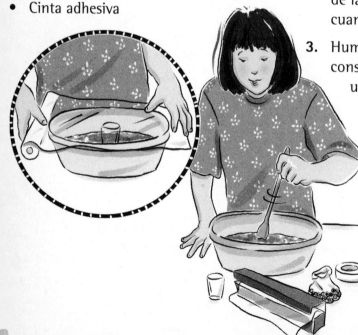

4. Pon una canica en el centro del plástico, en la vertical del vaso, para que se hunda un poco pero sin tocar el vaso.

5. Coloca el alambique en un lugar soleado, déjalo allí varias horas y observa lo que sucede.

Explicación

El calor del sol empieza a transformar el agua en vapor de agua, un gas. El vapor asciende, dejando la tierra en el fondo, y cuando alcanza el plástico se enfría, ya que el aire exterior es más frío que el interior. El plástico ha atrapado el calor dentro de la fuente al igual que el tejado de cristal de un invernadero. El vapor de agua se condensa de nuevo y se transforma en líquido, que se precipita en el vaso a modo de lluvia. ¡Acabas de «destilar» agua!

Baños y grifos

Las actividades siguientes están relacionadas con el agua que desperdiciamos, ya sea en el cuarto de baño, la ducha o el fregadero. ¿Estás preparado para evaluar el agua de tu casa?

Material necesario

- Objeto pesado, estrecho e impermeable (por ejemplo, un tarro de cristal)
- Cazo grande
- Vaso de medidas
- Cubo
- Bloc y lápiz
- Reloj con segundera

Procedimiento

INODOROS

1. Pide a un adulto que levante la tapa del depósito del inodoro. Tira de la cadena y observa cómo funciona. Cada vez que jalas de ella utilizas alrededor de 20 litros de agua. ¡Una exageración!

2. Introduce un objeto pesado en el depósito sin interferir en el mecanismo. Ahorrarás mucha agua. El objeto ocupa espacio, con lo cual necesitas menos agua para llenar el depósito.

HIGIENE DENTAL

1. ¿Te cepillas los dientes con el grifo abierto? Haz lo siguiente. Pon el cazo en la pileta del lavabo y abre el grifo de agua fría. Simula cepillarte los dientes mientras el agua va llenando el cazo. Cuando termines, cierra el grifo.

2. Mide el agua que hay en el cazo con un vaso de medidas, viértela en el cubo y utilízala para tirar de la cadena o regar las plantas.

3. Anota cuánta agua has empleado. ¿Podrías ahorrar un poco?

GOTEOS

1. Verifica todos los grifos de tu casa por si gotean. Si encuentras uno, enróscalo con fuerza para ver si deja de hacerlo. Si no, inclúyelo en la lista de reparaciones.

2. Realiza este test: pon un vaso de medidas debajo de un grifo, ábrelo para que gotee, calcula el tiempo que tarda en llenar el vaso y multiplícalo por cuatro para saber cuánto tiempo hace falta para gotear 1 litro. Una bañera puede utilizar 100 litros de agua. ¿Cuánto tiempo llevaría llenarla?

Explicación

Es muy fácil desperdiciar agua, pero también es fácil no desperdiciarla. Puedes cepillarte los dientes abriendo y cerrando el grifo, o llenando un vaso. Asimismo, puedes tomar una fina ducha en lugar de un baño; reducirás el consumo hasta la mitad. Y por último, puedes reparar los grifos que gotean. No apreciarás la diferencia... pero ahorrarás agua y evitarás el típico «clic-clic» enloquecedor.

Evaporación

El agua cambia de estado con la misma facilidad que un transformista de circo cambia de atuendo. Puede ser líquida, sólida (hielo) o gaseosa (vapor de agua). ¿Qué contribuye a la evaporación (paso de líquido a gas)? Basta con... bueno, descúbrelo por ti mismo.

Material necesario

- Cucharas de mediciones
- 2 platitos de postre
- 2 trapos de cocina
- Secador para el pelo
- Plato
- Botella pequeña

Procedimiento

1. Vierte 25 ml de agua (2 cucharadas) en cada platito. Pon uno en un lugar soleado y el otro a la sombra. ¿Qué platito de agua se evaporará más deprisa? ¿Por qué?

2. Vierte 25 ml de agua (2 cucharadas) en el centro de cada trapo de cocina. Extiende uno en una mesa mientras sostienes el otro en el aire. Conecta el secador y pásalo por el segundo trapo. ¿Qué trapo se secará antes? ¿Por qué?

3. Ahora mide 25 ml de agua (2 cucharadas) y viértela en un plato, echando la misma cantidad en una botella pequeña. Colócalas una junto a la otra durante algunas horas. ¿En qué recipiente se habrá evaporado más agua? ¿Por qué?

Explicación

El agua se evapora más deprisa cuando está caliente, cuando sopla el viento o cuando es poco profunda. Cuando el agua se calienta, sus moléculas se separan y se mueven con rapidez, ascendiendo en el aire en forma de gas. Por su parte, el viento acelera este proceso. También ayuda a dispersar el agua. Las moléculas están más juntas en la superficie y pueden evaporarse más fácilmente.

Filtrado

En la naturaleza, el agua nunca está completamente limpia. Contiene pequeños fragmentos de arena y minerales, así como también diminutos organismos y diversos contaminantes artificiales. El filtrado no es sino un paso en la potabilización del agua, de manera que ésta sea apta para beber. Prueba con algunas muestras de agua.

Material necesario

- Varios tarros o botellas pequeñas y limpias para recoger muestras
- Guantes de goma
- Papel, bolígrafo y cinta aislante para confeccionar etiquetas
- Embudo
- Tarro grande de cristal
- Filtros de café
- Bloc y lápiz
- Lupa

Procedimiento

1. Recoge con tarros o botellas varias muestras de agua de distintas fuentes (estanque, lago, pozo, lluvia, nieve fundida, etc.) y un puñado de barro. Ponte los guantes de goma para recoger las muestras. Cierra los tarros con su correspondiente tapa para evitar que entre más suciedad.

¡ATENCIÓN! NO BEBAS NI TOQUES EL AGUA, Y LÁVATE LAS MANOS DESPUÉS DEL EXPERIMENTO. EL AGUA NO PURIFICADA PUEDE CONTENER BACTERIAS TÓXICAS.

2. Etiqueta cada tarro con un número y la fuente de la muestra. Etiqueta asimismo los filtros de café con los mismos números.

4. Examina los filtros con la lupa. ¿Distingues alguna partícula? ¿Qué agua es la más sucia?

5. ¿Hasta qué punto parece eficaz el filtrado? ¿Basta el filtrado del agua para que ésta tenga un aspecto lo bastante limpio como para beberla?

3. Coloca el embudo en el tarro grande y pon el filtro 1. Vierte el agua de la primera muestra. Retira el filtro. Limpia el tarro y el embudo, y pon el filtro 2, vertiendo la segunda muestra de agua. Repite la misma operación con las demás muestras, comparando cada vez el color, aspecto general y olor del agua antes y después de filtrarla. Anota tus observaciones en el bloc.

¡ATENCIÓN! AUNQUE EL AGUA FILTRADA PAREZCA LIMPIA, NO LA BEBAS. EL FILTRADO SÓLO ELIMINA LAS PARTÍCULAS DE GRAN TAMAÑO. LOS CONTAMINANTES MICROSCÓPICOS QUE PASAN A TRAVÉS DEL FILTRO PUEDEN SER INCLUSO MÁS PELIGROSOS.

Explicación

Potabilizar el agua es un largo proceso. La mayoría de las ciudades obtienen el agua de los ríos, lagos o pozos, y antes de canalizarla hasta los hogares, unas plantas purificadoras la filtran y añaden sustancias químicas que matan las bacterias. Pero algunos lagos y ríos están tan contaminados que el agua no se puede limpiar por completo. En tal caso, la salud de las personas, animales y plantas del área puede resultar afectada.

Más ideas...

Algunas plantas potabilizadoras de agua organizan visitas guiadas. Infórmate para saber si tu clase o un grupo de amigos podéis visitar una.

Vertidos de petróleo

Los vertidos accidentales de petróleo de los buques cisterna y superpetroleros son desastres de los que oirás hablar de vez en cuando en los noticiarios. Pero la mayor parte de la polución del agua a causa del petróleo procede de la limpieza ordinaria de barcos en el mar y vertidos de las fábricas en la tierra. En cualquier caso, limpiar este tipo de vertidos es una tarea compleja. Construye un minivertedero de aceite y comprueba si eres capaz de hacerlo.

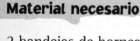

Material necesario

- 2 bandejas de hornear de aluminio
- Colorante para alimentos
- Cucharas de medidas
- Aceite de cocina
- Pluma
- Trapos de algodón
- Media de nailon
- Papel de cocina
- Detergente líquido

Procedimiento

1. Llena de agua hasta la mitad una bandeja para hornear y añade unas cuantas gotas de colorante para alimentos para ver mejor el aceite (el azul o el verde contrasta bien con el amarillo del aceite).

2. Añade 2 ml de aceite ($^1/_2$ cucharadita de café). ¿Se mezcla con el agua?

6. Ahora llena de agua la otra bandeja hasta la mitad, vierte un poco de aceite y añade 2 ml de detergente líquido (¹/₂ cucharilla de café). ¿Qué ocurre esta vez? ¿Adónde va a parar el aceite? ¿Está limpia ahora el agua?

3. Sopla un poco. ¿Qué crees que le ocurre al agua aceitosa en una tormenta?

4. Pasa la pluma por el aceite. ¿Crees que los vertidos de petróleo afectan a las aves?

5. Intenta limpiar el vertido de aceite con un trapo de algodón, y luego pruébalo con una media de nailon y papel de cocina. Añade más aceite si es necesario. ¿Cuál de los tres da mejores resultados? ¿Puedes eliminar todo el aceite?

Explicación

Los vertidos de petróleo reales son muy perjudiciales para las plantas y animales acuáticos. La espesa capa de aceite reviste las plumas de las aves y les impide volar, los moluscos no pueden reproducirse y lo peor de todo es que los métodos de limpieza no son perfectos. Las sustancias químicas que actúan a modo de detergentes fragmentan el petróleo en gotas más pequeñas, pero las toxinas siguen presentes en el entorno. A menudo, estos detergentes también son contaminantes. Succionar el petróleo con materiales tóxicos tales como el algodón y el nailon es caro y lento. ¿Qué ocurre con el aceite que no se consigue eliminar...?

Elabora tus limpiadores «verdes»

Los productos limpiadores que se venden en cualquier supermercado pueden contener sustancias químicas perjudiciales para la salud o que contaminan el entorno. Sin embargo, puedes mezclar unos cuantos productos naturales y obtener los mismos resultados. Asimismo, son más baratos. Elabora tu línea personal de productos y úsalos para limpiar la casa.

Material necesario

- Botellas de espray vacías
- Tarro pequeño
- Vaso de medidas
- Cucharas de medidas

- Papel
- Bolígrafos, rotuladores o lápices de colores
- Cola blanca o cinta adhesiva

Procedimiento

LIMPIACRISTALES

Llena de vinagre una botella de espray hasta la mitad, y la otra de agua. Remuévelo. Usa el papel y los rotuladores o lápices de colores para confeccionar una etiqueta: «Aplicar con papel de periódico». Pega la etiqueta a la botella con cola o cinta adhesiva.

PULIMENTO PARA MUEBLES

- 15 ml de aceite de oliva (1 cucharada)
- 10 ml de vinagre o zumo de limón (2 cucharadas)
- 500 ml de agua caliente (2 vasos)

Mezcla los ingredientes en una botella de espray y escribe las siguientes instrucciones en la etiqueta: «Para madera barnizada. Calentar la mezcla colocando la botella en un cazo de agua caliente. Agitar la botella una vez calentada. Aplicar el pulimento y secarla con un paño suave».

PULIMENTO PARA LA PLATA

- 25 ml de bicarbonato sódico (2 cucharadas)
- 25 ml de sal (2 cucharadas)
- Papel de aluminio

Mezcla los ingredientes en un tarro pequeño y escribe las siguientes instrucciones en la etiqueta: «Añadir 10 ml (2 cucharadas) a 1 litro de agua caliente. Añadir un trozo de papel de aluminio. Humedecer los objetos plateados o de plata con esta solución. Sustituir el papel de aluminio cuando se haya ennegrecido».

Más ideas...

- Confecciona etiquetas de colores para tus productos. Además de las instrucciones, las etiquetas podrían incluir nombres ingeniosos para tus limpiadores. También podrías anotar los ingredientes, añadiendo que son ecológicos. Pégalas en los recipientes. Si quieres hacer un regalo, mételos en una cesta.

- Haz un test. Limpia la mitad de un objeto con tu producto y la otra mitad con un limpiador comercializado. Compara el tiempo necesario para limpiarlo, la dificultad y los resultados.

3 Tierra

Al igual que tu organismo está permanentemente lleno de aire y agua, también hay tierra en tu interior. Es muy probable que no la ingieras directamente, ¡o por lo menos no desde la infancia!, pero sí lo haces indirectamente a diario, ya que casi todos los alimentos contienen tierra.

No vamos a explicar qué es lo que sucede exactamente, pero lo descubrirás por ti mismo si realizas la primera actividad. En realidad, es una parte importantísima de nuestra alimentación.

¿Sabías que la tierra tiene sus orígenes en las rocas? Tarda millones de años en erosionarse y convertirse en arena y arcilla. Aun así, éste no es el tipo de tierra que necesitamos para que crezcan las cosechas. Cuando realices estas actividades descubrirás qué otro tipo de tierra necesitamos para que el suelo sea fértil. La naturaleza crea suelo incesantemente, aunque a un ritmo muy lento (¡tarda 500 años en acumular 2,5 cm!). Sólo el 8% de la superficie de nuestro planeta está cubierta con este tipo de tierra. Como podrás adivinar, se trata de un elemento extremadamente valioso.

En el mundo todo está relacionado, ¿recuerdas? De manera que en ocasiones las sustancias tóxicas presentes en el aire y el agua se precipitan en el suelo. La tierra también se puede contaminar a causa de los vertederos de basura que producimos. Ingentes montañas de detritus se acumulan en el suelo o se entierran, permaneciendo allí durante décadas o incluso más tiempo. Las sustancias químicas se filtran en la tierra y polucionan los pozos de agua y los campos de cultivo.

La erosión constituye otro peligro para el suelo, que se desgasta naturalmente a causa del viento y la lluvia. Pero actualmente el suelo terrestre se está deteriorando a un ritmo más elevado que el necesario para formarse de nuevo. En efecto, enormes granjas similares de factorías cultivan demasiadas cosechas y siempre de la misma especie una y otra vez, sin que la tierra pueda descansar. Esto consume los nutrientes, y cuando éstos desaparecen, es imposible cultivar.

La tierra fértil de cultivo también desaparece a medida que las ciudades se extienden o se construyen presas. En tal caso se pierden ecosistemas enteros. La Tierra se compone de una gran variedad de ecosistemas, incluyendo los bosques boreales, las marismas, las praderas, la tundra, las selvas pluviales, los desiertos y los océanos. En un ecosistema, las plantas, animales, agua y tierra trabajan juntos en estrecha relación, y si una parte se pierde o se daña, todas las demás están amenazadas.

A medida que realices algunos de los experimentos y proyectos de este capítulo, aprenderás más cosas acerca del suelo y la tierra, y de cómo se los puede perjudicar, pero también aprenderás a cuidarlos y a utilizarlos con sensatez.

Un detective en la cocina

Ponte la gorra de detective y apréstate a resolver el Misterio de Dónde Proceden los Alimentos. Sí, desde luego, los compras en la tienda de ultramarinos, pero... ¿de dónde los obtienen los supermercados? Tal vez hayas visto lechugas y tomates creciendo en un huerto, pero ¿qué hay de los helados, los copos de avena y el salami?

Material necesario

- Bloc de hojas en blanco (sin líneas)
- Lápiz o bolígrafo
- Libros de consulta

Procedimiento

1. Date una vuelta por los suministros alimentarios de la cocina. Registra el frigorífico, el congelador y los armarios-despensa. Elige entre tres y cinco alimentos y anota su nombre en el bloc. Deja dos o tres páginas para cada uno de ellos.

2. Si es posible, escribe el nombre del país de procedencia de cada alimento. Búscalo en la etiqueta o el envoltorio (podría decir: «Made in...» o «Fabricado en...»).

3. Si has seleccionado un alimento envasado en una caja, lata, tarro u otro envoltorio, lee la letra pequeña para averiguar si se trata de una mezcla de distintos alimentos. Anótalos en el bloc.

4. Busca información sobre cada alimento en diccionarios, enciclopedias, manuales de la biblioteca o Internet y anota cómo crece (en un árbol, etc.) o cómo se ha elaborado, añadiendo un par de datos interesantes.

5. Si el alimento contiene varios ingredientes, síguelos la pista hasta sus orígenes. Por ejemplo, si un paquete de flan contiene almidón, busca de dónde procede. Algunos de aquellos ingredientes con nombres complejos pueden ser sustancias químicas, y en ocasiones puedes averiguar el motivo por el que se han añadido (para mantenerlo fresco más tiempo, etc.), y si no consigues descubrir nada más acerca de ellos, escribe simplemente «producto químico».

6. Decora cada «capítulo» alimentario con dibujos o fotografías de revistas del alimento o de sus ingredientes. ¿Qué sorpresas has descubierto? ¿Has encontrado muchos alimentos que contenían innumerables productos químicos? ¿Qué conclusiones podrías sacar acerca del origen de todos los alimentos que has estudiado?

Explicación

Si resuelves el caso observarás que todos los alimentos, exceptuando los productos químicos, proceden de las plantas, que crecen en la tierra. Incluso la carne inicia su proceso en la tierra, ya que los animales se alimentan de semillas y cereales.

Más ideas...

- **Investiga los alimentos de tu comida favorita.**

- **La próxima vez que vayas a un supermercado, fíjate en las diferentes secciones (frutas y verduras, carne, pescado, congelados, productos lácteos, panadería, conservas, etc.). Elige un alimento de tres o cuatro secciones para examinar.**

- **Pregunta a tu maestro o a tus padres si podrían organizar una visita colectiva con un grupo de amigos a una granja o fábrica de procesado de alimentos.**

Partículas de suciedad

¿Sabes qué es esa suciedad sobre la que caminas a diario? No, no se trata del suelo, acera o pavimento. Con un poco de suerte, caminarás sobre la tierra. La conoces bien, pero ¿sabes lo que hay en ella? Con estas dos actividades te harás una idea.

Material necesario

- Tierra de jardín
- Cazo con tapa (a ser posible transparente)
- Cinta adhesiva
- Tarro de cristal de tamaño mediano
- Bolígrafo o rotulador
- Tarro alto de cristal con tapa de rosca

Procedimiento

1. Echa la tierra en el cazo hasta formar una capa de 2,5 cm, ajusta la tapa y caliéntalo a fuego lento. Mira en su interior y anota tus observaciones.

   ¡ATENCIÓN! PIDE LA AYUDA DE UN ADULTO CUANDO TENGAS QUE USAR LA COCINA.

2. Pega un trozo de cinta adhesiva en posición vertical fuera del tarro de tamaño mediano. Llénalo de tierra hasta la mitad y marca el nivel en la cinta. Llena de agua el resto del tarro. No lo agites; déjalo en reposo y sin tapar. Observa lo que ocurre. Transcurrida una media hora, marca de nuevo el nivel de la tierra en la cinta. ¿Ha cambiado? Anota el motivo por el que crees que se ha producido.

3. Ahora llena de tierra el tarro alto hasta un tercio de su capacidad. Añade agua casi hasta el borde. Enrosca la tapa y agita el tarro durante 1 minuto. Colócalo donde puedas verlo y espera unos cuantos días. Anota de nuevo tus observaciones.

4. Lee tus notas. ¿Puedes confeccionar una lista de por lo menos cuatro cosas que hayas descubierto que están en la tierra?

Explicación

Veamos algunas pistas. En el paso 1 deberías apreciar pequeñas gotas en los laterales del cazo. En el paso 2 se formarán burbujas en la superficie del agua y el nivel de la tierra cambiará. En el paso 3 la tierra se separará gradualmente en cuatro capas, desde la más pesada hasta la más ligera. ¿Sigues sin adivinar lo que ocurre? Lee la respuesta al pie de esta página.

RESPUESTA

Las gotas son agua; las burbujas son aire (el nivel de tierra ha descendido al escapar el aire que había entre las partículas; y las capas deberían ser: grava en la base, luego arena, a continuación arcilla y cieno; y por último humus (plantas y organismos muertos).

Elabora tierra fértil

La naturaleza tarda muchos años en elaborar tierra fértil, pero tú puedes hacerlo en pocos minutos.

Material necesario

- Guijarros pequeños
- Bolsa de tela gruesa o retal de tela
- Gafas de seguridad
- Martillo
- Bolsa de plástico pequeña
- Musgo
- Insectos pequeños muertos
- Pedacitos de madera podrida
- Maceta o recipiente pequeño
- Semillas (hierba, judías, rábanos, caléndulas, etc.)

Procedimiento

1. Mete los guijarros en la bolsa de tela o envuélvelos en un retal de tela. Vuelve las esquinas hacia dentro y hacia abajo. Pon la bolsa en el suelo o sobre una roca.

   ¡ATENCIÓN! PIDE LA AYUDA DE UN ADULTO EN EL PASO SIGUIENTE.

2. Ponte las gafas; vas a triturar los guijarros hasta hacerlos añicos. Continúa dándole al martillo hasta que queden reducidos a fragmentos lo más pequeños posible.

3. Mete en la bolsa de plástico unas cuantas hojas muertas, musgo, insectos muertos y pedacitos de madera podrida. Desmenuza las plantas si son demasiado grandes.

4. Echa los guijarros triturados en la bolsa de plástico (que alguien te ayude a mantenerla abierta), añade 1 o 2 cucharadas de agua y luego agita la bolsa hasta que los ingredientes estén bien mezclados. ¿Qué aspecto tiene? Si es necesario, añade más agua o plantas muertas. Tal vez quieras añadir un poco de abono (véase p. 64). ¡Ya tienes tierra fértil!

5. Haz una prueba. Échala en una maceta o recipiente pequeño y planta algunas semillas. Coloca el recipiente en un lugar soleado y mantén la tierra húmeda. ¿Qué tal crece tu minijardín?

Explicación

Con los años, el viento, la lluvia, la arena y las plantas desgastan las rocas. Los pequeños fragmentos se mezclan con las plantas y los animales muertos, elaborando la tierra fértil que necesitamos para vivir.

Más ideas...

Intenta cultivar unas cuantas semillas en una maceta llena única y exclusivamente de guijarros troceados. Compara las dos tierras fértiles. ¿Cuál da mejores resultados?

Viaje al interior de la Tierra

¿Ponte el traje espacial! ¡Así! ¿Al espacio? Pues no, ésta vez viajarás al interior de la Tierra, concretamente a medio metro debajo de la superficie. Tal vez no te parezca demasiado, pero descubrirás que las cosas son muy diferentes ahí abajo.

Material necesario

- Pala pequeña
- Tierra de jardín
- 2 recipientes grandes de plástico
- Subsuelo a 50 cm de la superficie
- Papel de periódico
- Lupa
- 2 latas pequeñas y vacías
- 2 semillas de judía blanca

Procedimiento

1. Recoge un poco de tierra de jardín y métela en uno de los recipientes de plástico. Pide permiso antes de cavar.

2. Un buen lugar para alcanzar el subsuelo es en un terraplén, donde la tierra esté cortada o erosionada. También puedes cavar un hoyo en el jardín. Pide permiso antes de hacerlo. Echa un poco de tierra de subsuelo en el segundo recipiente.

3. Extiende papel de periódico sobre una superficie y examina detenidamente las dos muestras. Si tienes una lupa, úsala. ¿En qué se diferencian? ¿Cuál crees que sería más adecuada para cultivar plantas?

4. Ahora llena una lata de tierra de superficie y la otra de subsuelo. Deja en remojo las semillas de judía durante toda la noche y luego planta una en cada lata. Mantén la tierra húmeda y observa las plantas durante varios días. ¿Cuál es más fuerte? ¿Estabas en lo correcto?

Explicación

El subsuelo contiene más piedras y menos humus, o materia orgánica (hojas muertas, raíces, ramitas y animales), que la tierra de jardín (superficie). De ahí que no sea demasiado buena para que crezcan las plantas. Por el contrario, la tierra de superficie contiene lo que las plantas necesitan para crecer, es decir, materia orgánica y organismos microscópicos, tales como bacterias que se encargan de descomponerlos.

El mundo de las lombrices

¿Quién dice que las lombrices son repugnantes? En realidad, son asombrosos jardineros, pues ayudan a mantener la tierra rica y fértil para que crezcan las plantas. Pero no des por supuesto lo que acabamos de decir. Construye esta lombricera y observa lo que ocurre.

Material necesario

- 2 hojas de plástico acrílico transparente de unos 30 cm^2 (cómpralo en una ferretería o almacén de productos para la construcción)
- 3 piezas de madera (30 × 7,5 × 1 cm)
- Pieza de cartulina gruesa (30 × 10 cm) para la tapa
- Cinta adhesiva resistente
- Distintos tipos de tierra (tierra de jardín, gravilla, arena, etc.)
- 8-10 lombrices
- Hojas secas o briznas de hierba
- Tela negra o bolsa de la basura abierta por las costuras

Procedimiento

1. Pega con cinta adhesiva el plástico y la madera tal y como se indica en la ilustración.

¡ATENCIÓN! ES PROBABLE Q NECESITES LA A DE UN ADULTO.

5. Esparce unas cuantas hojas o briznas de hierba a modo de alimento para las lombrices. Procura recoger las hojas en las inmediaciones de donde encontraste las lombrices.

6. Pon la tapa para que la lombricera no se seque. Excepto cuando la estés estudiando, manténla cubierta con una tela oscura; las lombrices son criaturas nocturnas. Riega la lombricera a menudo para mantener la humedad y observa lo que ocurre transcurridos algunos días.

7. Cuando hayas terminado de estudiar tus lombrices, libéralas en el mismo lugar donde las encontraste.

Explicación

Al excavar sus galerías en la tierra, las lombrices la ablandan, mezclándose con el aire. Asimismo, contribuyen a fertilizarla tirando hacia abajo de las plantas muertas y excretando heces (estiércol).

2. Llena la lombricera con capas de diferentes tipos de tierra. Coloca una capa de tierra de jardín a capas alternas y termina con otra de tierra de jardín. Pulveriza un poco de agua en cada capa a medida que vayas añadiéndolas. La tierra debe estar húmeda, pero no anegada.

3. Recoge algunas lombrices (véase abajo).

4. Mete las lombrices en la capa superior de la lombricera. Probablemente empezarán a excavar de inmediato.

Dos formas de recoger lombrices

Por la noche: Coge una linterna y un rastrillo, y dirígete hasta un área en la que crezca la hierba cuando haya oscurecido. Si no encuentras lombrices en la hierba, cava un poco.

De día: Vierte una cucharada de detergente líquido en una regadera llena de agua y echa la mezcla en un área de hierba de alrededor de 1 m². En pocos minutos, las lombrices saldrán a la superficie. Enjuágalas un poco en agua corriente antes de introducirlas en la lombricera.

Más ideas...

- Lleva un registro diario de lo que ocurre en la lombricera y estúdiala con una lupa.

- Dibuja detalladamente una lombriz.

¡Menuda cantidad de basura!

Cuando el camión de la basura recoge las bolsas que has dejado en el contenedor, la cosa no termina ahí. En su mayor parte se entierra en gigantescos vertederos. ¿Qué ocurre a continuación? Construye este minivertedero de basura y averígualo.

Material necesario

- Caja de cartón grande
- Bolsas de basura grandes
- Cinta adhesiva
- Tierra de jardín
- 6-8 muestras (piezas pequeñas y del mismo tamaño), como por ejemplo peladuras de patata, cáscaras de huevo trituradas, bolsa de plástico, lata de refresco, vaso de plástico, papel de aluminio, tela de algodón 100%, media de nailon, papel de periódico, portada brillante de una revista, pequeña botella de cristal, etc.)

- Guantes de jardinería o de goma
- Palitos de helado
- Bloc y lápiz

Procedimiento

1. Forra la caja con bolsas de basura, pégalas con cinta adhesiva y llena la caja de tierra hasta la mitad.

2. Entierra cada muestra a 15 cm de profundidad. Ponte los guantes para manipular la tierra; contiene bacterias. Marca el sitio en el que has enterrado cada muestra con un palito de helado.

3. Coloca la caja en un lugar soleado y riégala un poco. Humedece la tierra sin anegarla.

4. Desentierra las muestras cada semana y examínalas detenidamente. Puedes utilizar una lupa. Continúa con tus observaciones durante dos o tres meses, anotándolas en el bloc.

5. ¿Qué objeto se ha descompuesto antes? ¿Cuáles tardan mucho tiempo en pudrirse? ¿Hay algo que no se haya descompuesto?

Las bacterias, hongos y lombrices que hay en la tierra descomponen o «biodegradan» la materia orgánica (plantas, animales, etc.) y forman tierra nueva siempre que haya el aire y humedad suficientes. Así, por ejemplo, podrías leer perfectamente un periódico... ¡transcurridos treinta años bajo tierra! Los materiales que no se encuentran en la naturaleza, tales como el plástico y el cristal, nunca se biodegradan. Una lata de refresco enterrada en el suelo tardará trescientos años en descomponerse y despedazarse a causa de la erosión de las rocas; una botella de cristal tardará... ¡un millón de años!

 ## Más ideas...

- Entierra las muestras al aire libre. Pide permiso antes de cavar.

- Recoge desperdicios del vecindario a modo de muestras. Ponte los guantes, coge la basura y métela en una bolsa de plástico. Practica muchos orificios en la bolsa y luego entiérrala en tu vertedero particular. Intenta adivinar qué cosas se pudrirán antes y después.

Tormenta en una bandeja

La vida depende de la tierra, pero la lluvia o un exceso de riego puede erosionar gravemente ese tesoro que ha tardado años en formarse. Algunas condiciones aumentan las probabilidades de que esto suceda. Realiza estos experimentos para ver en acción la erosión del terreno, y también su protección.

Material necesario

- 3 bandejas de aluminio para hornear, de 2 litros de capacidad
- Film de plástico
- Cinta adhesiva
- Tierra de jardín
- Semillas de hierba
- Papel de periódico
- Hoja grande de papel de aluminio
- 2 tarros pequeños con tapa metálica de rosca
- 2 listones de madera

Procedimiento

1. Practica múltiples orificios en un lateral de cada bandeja, según se indica en la ilustración.

2. Cubre, por fuera, los orificios de una bandeja con film de plástico y pégalo con cinta adhesiva. Luego practica también algunos orificios en las tapas de los tarros para que sirvan de regaderas.

3. Llena la bandeja con los orificios cubiertos con tierra de jardín casi hasta el borde, esparce semillas de hierba, presiónalas en la tierra, riega la bandeja y colócala en un lugar soleado. Pon papel de periódico debajo para que absorba el goteo. Riega tu «cosecha» una o dos veces al día para que la tierra se mantenga húmeda.

¡ATENCIÓN! PIDE LA AYUDA DE UN ADULTO PARA SUAR EL MARTILLO Y EL CALVO AL PRACTICAR LOS ORIFICIOS EN LAS BANDEJAS.

¡ATENCIÓN! PIDE LA AYUDA DE UN ADULTO PARA PRACTICAR ESTOS OFICIOS.

4. Cuando haya crecido la hierba (2-3 semanas), retira el plástico del lateral de la bandeja y llena la segunda con tierra suelta, apoyando los dos laterales taladrados en la hoja de papel de aluminio. Pon un listón de madera debajo del otro extremo de cada bandeja, de manera que éstas queden inclinadas en el mismo ángulo.

5. Llena de agua los tarros y riega las dos bandejas a un tiempo. ¿Qué le ocurre a la tierra? ¿Qué cantidad de agua y tierra se desliza hasta el papel de aluminio?

6. Ahora llena la tercera bandeja con tierra suelta, sustituye la tierra de la segunda por tierra nueva (guarda la tierra húmeda para rellenar tus macetas) y coloca las dos bandejas en la hoja de papel de aluminio tal y como lo hiciste antes.

7. Esta vez utiliza el mango de una cuchara o el dedo para trazar una serie de surcos paralelos en una bandeja, mientras que en la otra trazas una línea sinuosa en forma de «S» (véase ilustración inferior). Riega tus «campos». ¿Qué ocurre?

 Más ideas...

Simula un cultivo aterrazado. Inclina dos bandejas llenas de tierra en la hoja de papel de aluminio. En una de ellas, modela la tierra en forma de terrazas, con los orificios en el extremo inferior. Riega las bandejas. ¿Por qué el cultivo aterrazado es una buena idea en las regiones de relieve accidentado y mucha lluvia?

Intrincadas raíces

Todos los seres vivos tienen una voluntad interior que tiende a la supervivencia. Cuando cambia el entorno, intentan adaptarse de inmediato al nuevo medio. A menudo las plantas hacen cosas asombrosas para buscar lo que necesitan para crecer. Lee este experimento antes de realizarlo e intenta adivinar cuál será el comportamiento de sus raíces.

Material necesario

- Tijeras
- 2 botellas grandes de refresco, de plástico transparente
- Rotulador
- Arena gruesa
- Tierra de jardín
- Semillas de judía blanca
- 2 platitos

Procedimiento

1. Corta las botellas a un tercio del extremo superior.

2. Practica varios orificios pequeños en la base de cada botella para facilitar el drenaje del agua.

¡ATENCIÓN!
PIDE A UN ADULTO QUE USE LAS TIJERAS PARA PRACTICAR LOS ORIFICIOS EN LAS BOTELLAS.

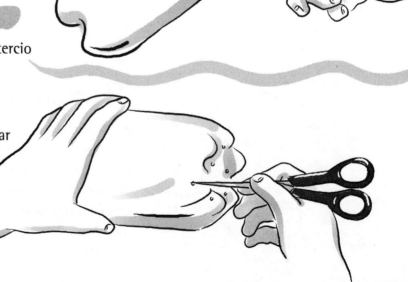

6. Planta 4 o 5 semillas de judía en los laterales de cada botella, presionándolas en la tierra hasta que queden a unos 2 cm de la superficie.

7. Coloca las botellas en un lugar soleado. Pon un platito debajo de cada una de ellas para atrapar el goteo. Riega la tierra a menudo para que se mantenga húmeda, pero sin anegarla. A los pocos días, las judías germinarán y empezarán a crecer.

8. Observa lo que les ocurre a las raíces de las plantas en cada botella. ¿Aprecias alguna diferencia entre su forma de desarrollarse cuando están en una capa de tierra más o menos profunda? ¿Por qué crees que es así? ¿Lo habías adivinado?

3. Etiqueta las botellas con el rotulador: 1 y 2.

4. Llena de arena las botellas hasta la mitad.

5. En la botella 1 añade una capa de tierra de jardín de 8 cm, y en la botella 2 otra de 3 cm.

Elaboración de abono

No tires las peladuras de las patatas, transfórmalas en abono.
La elaboración de abono no sólo contribuye a eliminar ingentes
cantidades de basura, sino que también facilita el crecimiento de
las plantas. Si todavía no tienes una «fábrica» de abono en tu casa,
ahora aprenderás a construir uno.

Material necesario

- Cubo de basura de plástico, con tapa
- Tierra de jardín
- Briznas de hierba y hojas secas
- Desperdicios de cocina, tales como
  peladuras de verduras y fruta, cáscaras
  de huevo trituradas, posos del café y
  bolsitas de té (no utilices carne,
  pescado, huesos o productos lácteos;
  atraen a los roedores)
- Palo o vara larga para remover
- Opcional: animales que viven en la
  tierra, como por ejemplo lombrices

Procedimiento

1. Corta la base
   del cubo.

¡ATENCIÓN!
PIDE A UN ADULTO QUE CORTE LA BASE DEL CUBO.

2. Practica unos cuantos orificios
   en el lateral del cubo.

¡ATENCIÓN!
PIDE A UN ADULTO QUE TALADRE LOS ORIFICIOS EN EL CUBO.

3. Busca un lugar soleado al aire libre,
   no demasiado cerca de una pared, y
   asienta bien el cubo en el suelo. Si la
   tierra está demasiado dura, cava una
   pequeña zanja del diámetro del
   cubo.

4. Pon una fina capa de tierra de jardín en la base del cubo, añade unas cuantas hojas secas y briznas de hierba y luego los desperdicios de la cocina. Para acelerar el proceso de descomposición, tritura los desperdicios. Añade otra capa de hojas secas o hierba y termina con una capa de tierra. Si dispones de lombrices, échalas en el cubo.

5. Remueve la mezcla y pulverízala con un poco de agua si está demasiado seca. También puedes añadir un poco de tierra si está demasiado húmeda. Ajusta la tapa.

6. Ahora ya tienes un lugar en el que verter los desperdicios domésticos. Cada vez que los eches, añade hierba y tierra. Remuévelo cada tres o cuatro días.

7. Cuando el cubo esté lleno en sus tres cuartas partes, no añadas más desperdicios; deja reposar la mezcla. En pocas semanas deberías disponer de un excelente abono negruzco que podrás usar en el jardín o en las plantas de interior. También puedes dar un poco a un vecino o amigo.

Explicación

Las bacterias, hongos, lombrices y otros organismos que hay en la tierra descomponen la materia orgánica y la transforman en alimento para nuevas plantas.

Un bosque en un tarro de cristal

Es posible que vivas lejos de un bosque, pero ahora tienes la oportunidad de crear un minihábitat forestal en tu propia habitación.

Material necesario

- 3-4 plantas pequeñas
- Pala de jardinería
- Tarro grande de cristal de boca ancha
- Guijarros pequeños
- Pizarra de jardinería (se vende en los viveros de plantas)
- Media de nailon
- Tierra de jardín rica en vermiculita y turba
- Arena de acuario (se vende en las tiendas de animales)
- Embudo
- Opcional: fragmentos muy pequeños de madera, piedras, agujas de pino...

Procedimiento

1. Selecciona las plantas, procurando que sean de especies que no crecen demasiado (musgos, hiedras enanas y pequeñas plantas con flores). Cava con la pala para extraer la planta con raíces y tierra.

2. Lava, enjuaga y seca el tarro de cristal.

6. Decide cómo vas a distribuir las plantas, procurando no amontonarlas. A continuación, cava unos cuantos hoyos en la tierra y riégalos un poco. Elimina toda la tierra que puedas de las raíces. Luego, con cuidado, plántalas en los hoyos, presiónalas en la tierra y riégalas ligeramente. Añade las piedras y fragmentos de madera que hayas recogido para decorar tu minibosque.

7. Coloca el tarro cerca de una ventana en la que no dé el sol directo. Ten siempre ajustada la tapa y riégalo sólo cuando el hábitat dé la sensación de estar seco.

Explicación

Tu bosque creará su propio ciclo del agua: las plantas absorben la humedad con las raíces y la liberan en el aire a través de las hojas; la humedad se acumula en la tapa y vuelve a precipitarse en forma de «lluvia».

 Más ideas...

- **Tal vez quieras recrear un bosque más complejo en un acuario. Mezcla 10 partes de tierra por 1 de arena y 1 de pizarra. Sella la parte superior del acuario con film de plástico.**

- **En lugar de un bosque, también puedes optar por un hábitat de campo con hierbas silvestres y pequeñas flores.**

3. Lava los guijarros y la pizarra. Forma una capa de 3 cm de guijarros en la base del tarro y cúbrelo con otra capa de 1 cm de pizarra. La pizarra filtrará el agua.

4. Corta la media de nailon en varios trozos y cubre la pizarra. Evitará que la humedad se filtre en la pizarra.

5. Mezcla 150 ml de tierra, 15 ml (1 cucharada) de pizarra y 15 ml (1 cucharada) de arena de acuario. Échalo en el tarro con un embudo para que no toque la pared del tarro.

Fósiles engañosos

Los fósiles son restos de plantas o animales que quedaron incrustados en la corteza de la Tierra hace millones de años. La mayoría de ellos están petrificados (transformados en piedra) o son huellas en la roca. Los fósiles reales tardan miles de años en formarse, pero puedes elaborar versiones simuladas en pocos minutos. Prueba estos métodos de «fosilizar» huellas de animales, hojas o flores.

HOJAS

Material necesario

- Arcilla de modelar
- Rollo pastelero
- Hojas y flores para «fosilizar»
- Cuchillo
- Opcional: colorante para alimentos

Procedimiento

1. Si quieres colorear la huella, mezcla, antes de empezar, un poco de colorante para alimentos en la arcilla, y luego forma un cilindro hasta que tenga alrededor de 2 cm de grosor.

2. Centra una hoja con el veteado hacia abajo y presiónala con firmeza en la arcilla con el rollo pastelero. Retira la hoja. Tal vez quieras recortar los bordes de la arcilla para hacer un círculo o un cuadrado. Usa el mismo método para hacer tantas copias como desees.

3. Mete el «fósil» en el horno, a temperatura mínima, hasta que se endurezca (1-2 horas).

¡ATENCIÓN! PIDE A UN ADULTO QUE TE AYUDE A HORNEAR EL FÓSIL.

HUELLAS DE ANIMALES

Material necesario

- Cinta adhesiva
- Tira de cartulina de 10×30 cm
- Yeso mate
- Cuenco o recipiente de plástico pequeño
- Botella de agua
- Cuchara o varilla para remover

Procedimiento

1. Sal de excursión con los materiales en la mochila. Busca huellas de pisadas de animales donde la tierra esté blanda y húmeda, como por ejemplo, cerca del terraplén de un río o en un sendero forestal después de llover.

2. Cuando encuentres una huella clara, retira con cuidado las hojas y piedras que haya a su alrededor, forma un anillo con la cartulina y pégalo con cinta adhesiva. Céntralo sobre la huella y presiónalo con firmeza en la tierra.

3. Echa un poco de yeso mate en el cuenco o recipiente de plástico, remuévelo lentamente en el agua hasta conseguir una mezcla espesa parecida a la pasta dentífrica. Viértela con una cuchara sobre la huella hasta formar una capa de 3 cm y luego alísala. Déjala endurecer durante media hora.

4. Retira el molde con muchísimo cuidado. ¡Ya tienes una impresión en relieve de la huella para tu colección de «fósiles»!

5. No te olvides de recoger todos tus materiales antes de regresar a casa.

Chile vegetariano

Cultivar verduras, cereales y fruta ocupa menos espacio de terreno y consume menos energía que criar animales para alimentarse. Por cierto, la comida vegetariano no sólo es buena para ti y para el planeta, sino que además es deliciosa.

Material necesario

(para 3 servicios)

1	cebolla pequeña troceada
1	tallo de apio troceado
¹/₂	pimiento verde troceado
1	zanahoria pequeña troceada
1	diente de ajo cortado a finas rodajas
4	champiñones cortados a finas rodajas
375 ml (1¹/₂ vasos)	de tomate en conserva, triturado, con el zumo
1 lata	de fríjoles, de 540 ml
250 ml (1 vaso)	de caldo vegetal (elabóralo con un cubito de caldo vegetal)
25 ml (2 cucharadas)	de aceite vegetal
250 ml (1 vaso)	de maíz tierno en grano
2 ml (¹/₂ cucharadita de café)	de sal
5 ml (1 cucharadita de café)	de orégano
7 ml (1¹/₂ cucharaditas de café)	de chile en polvo
5 ml (1 cucharadita de café)	de comino

- Cuchillo
- Vaso de medidas
- Cucharas de medidas
- Colador
- 2 cuencos pequeños para mezclas
- Varillas para desleír puré o tenedor
- Olla o cazo grande
- Cuchara de madera

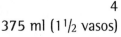

Procedimiento

1. Prepara las verduras. Trocea la cebolla, el apio, el pimiento verde y la zanahoria en pedacitos pequeños. Corta el ajo en rodajas muy finas, y trocea un poco los tomates.

¡ATENCIÓN!
PIDE AYUDA DE UN ADULTO, Y A SER POSIBLE, TAMBIÉN DE UN AMIGO, ¡VAS A TENER QUE TROCEAR MUCHO!

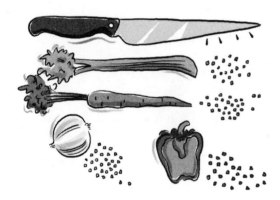

2. Echa las judías en el colador y enjuágalas bajo el chorro del agua fría. Pon 250 ml (1 vaso) de judías en uno de los cuencos y machácalas con las varillas para desleír puré o un tenedor.

3. En el otro cuenco desmenuza un cubito de caldo vegetal y añade 250 ml (1 vaso) de agua hirviendo. Remuévelo hasta que se disuelva.

4. En la olla, calienta el aceite a fuego medio, añade la cebolla y el ajo, y fríelos ligeramente hasta que queden dorados (2-3 minutos), removiendo de vez en cuando.

5. Añade el apio, el pimiento verde, la zanahoria y los champiñones. Cuécelo durante 3-5 minutos o hasta que estén tiernos, removiendo de vez en cuando.

6. Añade los tomates, las judías (machacadas y enteras), el caldo, el maíz, la sal, el orégano, el chile y el comino. Remuévelo.

7. Tapa la olla y cuece a fuego lento. Deja que el chile cueza durante 30 minutos. Si aún está demasiado caldoso, retira la tapa y cuécelo durante otros 10 minutos.

💡 Más ideas...

• Añade queso gratinado sobre el chile vegetariano antes de servir, a menos que no quieras incluir productos animales de ningún tipo (el queso procede de la leche, y ésta de la vaca).

• Para completar el menú, come el chile con arroz integral o tortitas de cereales.

¡Es Superjudía!

¿Qué tienen en común una judía y Superman? Que ambos se visten en una cabina telefónica. Qué tontería, ¿verdad? Pues no es broma, las judías son capaces de romper rocas. Descúbrelo tú mismo.

Material necesario

- 4-5 judías secas
- Brik de leche
- Cuchillo
- Tierra de jardín
- Yeso escayola
- Lata o recipiente de plástico
- Tarro de cristal pequeño con tapa de rosca
- Recipiente de plástico con tapa

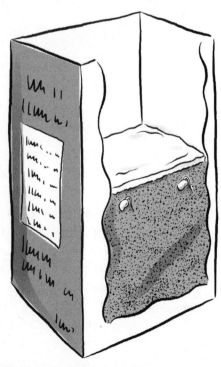

Procedimiento

1. Deja las judías en remojo durante toda la noche.

2. Limpia el interior de un brik de leche y recorta la sección superior.

¡ATENCIÓN! PIDE LA AYUDA DE UN ADULTO PARA RECORTAR LA TAPA DEL BRIK.

3. Llena el brik de tierra hasta la mitad y riégala hasta que esté completamente húmeda, pero sin anegarla.

4. Planta las judías a 2 cm de profundidad, procurando que estén separadas.

5. Echa un poco de yeso escayola en una lata o recipiente de plástico y añade el agua suficiente para elaborar una pasta. Cubre la tierra con una fina capa de yeso. Se endurecerá en unos minutos. Deja transcurrir algunos días y observa el brik. ¿Qué ha ocurrido?

6. Llena de judías, hasta el borde, el tarro de cristal. Luego llénalo de agua y ajusta la tapa.

7. Coloca el tarro dentro del recipiente de plástico y cierra la tapa. Déjalo reposar durante algunos días. ¿Qué ocurre?

Cuando salgas de paseo por el vecindario, fíjate en las aceras. Tal vez encuentres lugares en los que el pavimento se ha agrietado o incluso partido. Las raíces de los árboles han ejercicio la suficiente presión como para romperlo. Cuando las plantas crecen, son lo bastante fuertes para quebrar la roca, así como yeso y cristal. Las plantas son una de las fuerzas que, a lo largo de períodos muy dilatados en el tiempo, contribuyen a erosionar las rocas y a la formación de arena.

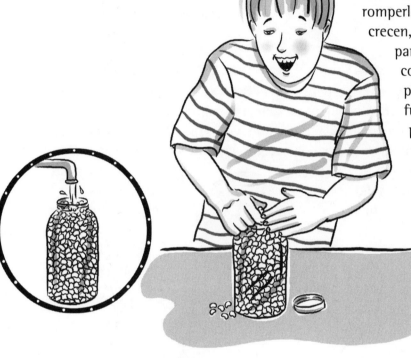

4 Fuego

El sol se halla a 150 millones de kilómetros de la Tierra. Desde luego, a diferencia del aire, el agua y la tierra, no está en el interior de tu cuerpo.

O por lo menos esto es lo que podrías pensar. En realidad, lo tienes en el cuerpo en forma de energía. Toda la vida en nuestro planeta depende de la energía del sol. Las plantas la utilizan para crecer, y una parte de ella llega hasta ti cuando comes frutas y verduras. Lo mismo ocurre cuando te comes una hamburguesa, que se ha elaborado con carne de vaca. Las vacas comen cereales que crecen bajo el sol, de manera que su energía llega hasta ti a través de los cereales.

El alimento es tu «combustible». Te proporciona la energía para correr, saltar e incluso pensar. La energía del carbón, gas, petróleo y agua corriente, es decir, los combustibles que hacen funcionar las fábricas y automóviles, también procede del sol. Si no tuviéramos el sol recargando constantemente nuestras baterías, la vida desaparecería.

La naturaleza dispone de una excelente forma de usar la energía sin producir ningún residuo. Así, por ejemplo, un manzano utiliza la energía de la luz solar para crecer y producir manzanas. Las manzanas que no se cosechan, caen al suelo, proporcionando alimento para pequeños animales y enriqueciendo la tierra para facilitar el crecimiento de otras plantas. Nada se desperdicia. Todas las plantas y animales, exceptuando el ser humano, usa la energía siguiendo una pauta circular llamada cadena alimentaria.

El hombre es el único animal que consume energía y produce residuos, ¡y lo hace a la perfección! Luego hay que pensar lo que se puede hacer con ellos, una buena parte de los cuales, incluyendo los contaminantes, acaban en el aire, en el agua o bajo tierra.

Parte del problema es que utilizamos demasiado carbón, gas y petróleo, combustibles que no sólo polucionan el entorno, sino que también se agotan. Se formaron a lo largo de miles de millones de años a partir de restos de plantas y animales, y sólo existen en una determinada cantidad. Una vez utilizados, no se recuperan nunca más. No podemos usarlos continuamente como el agua ni plantarlos como los árboles. Algunas fuentes de energía, como el agua y la madera, que se pueden sustituir, se denominan recursos renovables, mientras que otras, tales como el carbón, gas y petróleo, que no se pueden sustituir, se denominan recursos no renovables.

Otro problema que plantea el carbón, el gas y el petróleo es que al arder liberan dióxido de carbono, que en cantidades normales no es un gas peligroso. Lo que sucede es que hemos vertido tanto en el aire, que se está formando una manta alrededor de la Tierra que atrapa el calor. Y este calor está calentando el aire del planeta. En principio, gozar de una temperatura más alta podría parecer incluso tentador, pero lo cierto es que sus efectos pueden ser muy graves.

Se están haciendo muchas cosas para intentar solucionar nuestros problemas energéticos. Algunos gobiernos están dictando leyes para reducir la cantidad de dióxido de carbono que las fábricas están autorizadas a liberar. Equipos de científicos están desarrollando combustibles más limpios y experimentando con fuerzas de energía renovable tales cono el viento, las mareas y la mismísima energía solar. Todos podemos aportar nuestro granito de arena para ahorrar energía.

En este capítulo y el siguiente examinaremos algunas cuestiones acerca de la energía y veremos el sol en acción.

Las plantas y el sol

En este experimento, someterás a una planta a un curioso programa de fitness: ¡la colgarás boca abajo! Averigua cómo se comporta una planta cuando de repente el mundo se vuelve del revés.

Material necesario

- Cuchillo
- Planta pequeña con maceta, de raíces robustas
- 2 esponjas grandes
- Cuerda

Procedimiento

1. Pasa el cuchillo alrededor de la cara interior de la maceta para ablandar la bola de tierra y extrae con cuidado la planta, procurando conservar la máxima cantidad de tierra posible adherida a las raíces.

2. Humedece las esponjas y colócalas una a cada lado de la bola de tierra, atándolas con una cuerda. Si la planta es bastante pesada, podrías atar otra cuerda verticalmente alrededor de la bola.

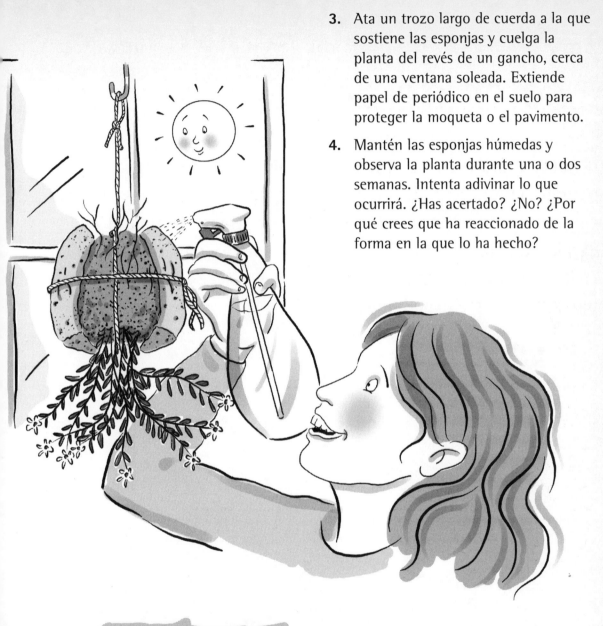

3. Ata un trozo largo de cuerda a la que sostiene las esponjas y cuelga la planta del revés de un gancho, cerca de una ventana soleada. Extiende papel de periódico en el suelo para proteger la moqueta o el pavimento.

4. Mantén las esponjas húmedas y observa la planta durante una o dos semanas. Intenta adivinar lo que ocurrirá. ¿Has acertado? ¿No? ¿Por qué crees que ha reaccionado de la forma en la que lo ha hecho?

Explicación

El tallo de las plantas es heliotrópico, o lo que es lo mismo, crece hacia el sol, mientras que las raíces son geotrópicas, es decir, crecen hacia la tierra. Así pues, si es necesario, las plantas se doblarán en toda clase de formas extrañas para obtener lo que necesitan. Dado que las raíces se nutren de la tierra y sus hojas absorben la energía del sol, las plantas son puentes entre la Tierra y el firmamento.

Construye un calentador solar de agua

El sol es una fuente de energía interminablemente renovable y no contaminante. De lo que se trata es de encontrar formas prácticas de aprovecharla. Los paneles solares constituyen un método excelente para calentar agua. Sí, desde luego, ¡para ello tienes que vivir en un lugar soleado!, y también vas a necesitar un día de sol para realizar este experimento.

Material necesario

- Tijeras
- Bolsa de basura de color negro
- 3 fuentes para hornear de aluminio, todas del mismo tamaño
- Cinta adhesiva
- Vaso de medidas
- Film de plástico
- Termómetro
- Platito
- Bloc y lápiz

Procedimiento

¡ATENCIÓN! NO MIRES NUNCA DIRECTAMENTE AL SOL.

1. Empieza a las 10 de la mañana, cuando el sol está alcanzando la vertical, corta un trozo de bolsa de basura lo bastante grande como para forrar una de las fuentes, fórrala y asegúrala con cinta adhesiva.

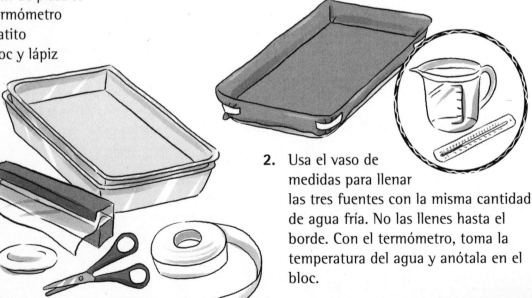

2. Usa el vaso de medidas para llenar las tres fuentes con la misma cantidad de agua fría. No las llenes hasta el borde. Con el termómetro, toma la temperatura del agua y anótala en el bloc.

3. Tapa con film de plástico la fuente forrada de plástico negro y una de las otras dos fuentes. Deja la tercera sin tapar.

4. Coloca las tres fuentes al aire libre, en un lugar soleado, y déjalas al sol durante 3-4 horas.

5. Examina las fuentes cada media hora. Toma la temperatura del agua empezando por la fuente destapada. Anótala en el bloc, añadiendo la hora de la medición.

6. Compara las lecturas. ¿Se ha calentado antes el agua de una fuente que la de las demás? ¿Cuál es la fuente que contiene el agua más caliente? ¿Qué fuente actuaba a modo de panel solar? ¿Ha sido útil poder compararlo con las otras dos? ¿Por qué?

Explicación

Los paneles solares en los tejados son cajas con una placa negra en el fondo y cristal o plástico en la sección superior. El color negro absorbe más calor que los demás (¿No es más fresca una camiseta de color blanco que otra de color negro en un día caluroso?). El cristal o plástico superior atrapa el calor en el interior de la caja, como si se tratara de un invernadero. El aire o el agua se puede canalizar con tuberías y transportarse hasta una casa.

Velas mágicas

¿Sabes por qué arde una vela? Al prender una vela, la llama de la cerilla transmite energía calorífica a la mecha. La cera caliente se combina con el oxígeno y produce dióxido de carbono y vapor de agua. Es lo que se denomina reacción química. La reacción produce más calor, lo cual contribuye a mantener la vela ardiendo. Utiliza esta reacción para construir un asombro final para un espectáculo de magia (véase p. 23).

Material necesario

- Vela larga
- Cuchillo pequeño
- Regla
- 2 varillas de brocheta o clavos
- 2 latas del mismo tamaño o tubos de plástico con tapa
- Cerillas

Procedimiento

1. Recorta un poco de cera de la base de la vela para que sobresalga la mecha.

2. Mide la longitud de la vela y localiza el centro, donde clavarás las brochetas una a cada lado. No traspases la mecha; la vela podría romperse.

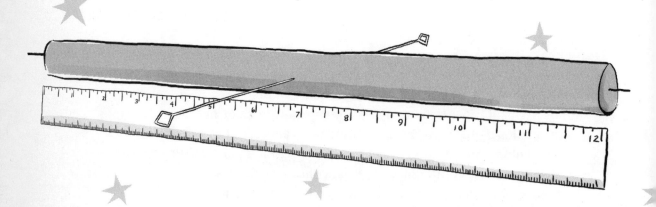

3. Equilibra las varillas en los bordes de las latas. La vela debería quedar horizontal. Si se desequilibra en un extremo, recórtalo hasta conseguirlo. Coloca la tapa de las latas debajo de cada extremo para atrapar el goteo. Todo está listo para tu espectáculo.

4. Dile a la audiencia que vas a utilizar el poder del fuego para crear una máquina de movimiento perpetuo. Enciende los dos extremos de la vela, y ésta no tardará en iniciar un vaivén, que se prolongará hasta que la vela se haya extinguido. ¡Cha-chan!

¡ATENCIÓN! LA PRÁCTICA DE ESTE TRUCO DEBE ESTAR SUPERVISADA POR UN ADULTO.

Explicación

Un extremo de la vela empezará a gotear más cera que la otra. Esto hará que sea más ligero y ascenderá. Al hacerlo, el extremo opuesto perderá más cera, convirtiéndose en más ligero, ascendiendo de nuevo. Y así sucesivamente.

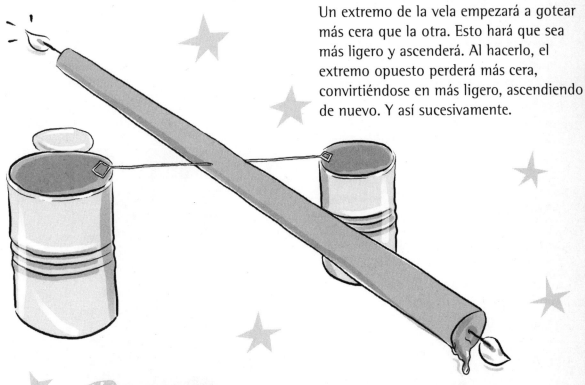

💡 Más ideas...

Si lo deseas, puedes decorar las latas. Píntalas o confecciona etiquetas de papel. Pégalas alrededor de las latas y dibuja figuras ígneas tales como rayos, soles y estrellas.

Gases en el vaso

Los científicos creen que la Tierra se está recalentando, en parte como consecuencia del exceso de dióxido de carbono liberado en la atmósfera por las fábricas y el escape de gases de los automóviles. Este experimento muestra en qué consiste este proceso.

Material necesario

- 2 tarros grandes de cristal del mismo tamaño
- 2 hojas de papel o retales de tela oscura
- 2 termómetros
- Una tapa de tarro
- Guantes para el horno
- Bloc y lápiz

Procedimiento

¡ATENCIÓN!
NO MIRES NUNCA DIRECTAMENTE AL SOL.

1. Coloca los tarros en posición horizontal al aire libre, en un lugar soleado, e introduce una hoja de papel o un retal de tela oscura dentro de cada tarro.

2. Pon un termómetro en cada tarro, sobre el papel o la tela oscura. Esto te permitirá leer los termómetros a través del cristal.

3. Ajusta la tapa en uno de los tarros, gíralos de manera que la boca quede en dirección opuesta a la dirección de la luz solar, lee la temperatura de los dos tarros y anótala en el bloc.

4. Observa los tarros y anota la temperatura del aire minuto a minuto. Cuando uno de los termómetros se aproxime al extremo superior de la escala, retira los tarros del sol y quita la tapa; de lo contrario, el termómetro podría romperse.

¡ATENCIÓN! PONTE LOS GUANTES PARA MANIPULAR TARROS O TAPAS CALIENTES.

5. Observa las temperaturas del aire que has registrado. ¿Qué tarro está más caliente que el otro? ¿Por qué crees que es así? ¿Cuántos grados de diferencia hay entre el aire de los dos tarros? ¿Cuánto ha tardado en completarse todo el proceso?

Explicación

El tarro con tapa atrapa los rayos solares en su interior. Los rayos luminosos atraviesan fácilmente el cristal, pero los caloríficos no consiguen salir con la misma facilidad.

La capa de gases que se está acumulando alrededor de la Tierra actúa a modo de cristal, permitiendo que la luz penetre en su interior, pero impidiendo que salga el calor. El origen del problema reside en gran medida en el dióxido de carbono. Por otro lado, los árboles podrían ayudar a eliminarlo del aire, pero... estamos talando demasiados bosques y selvas.

En busca del sol

Las plantas necesitan luz solar para crecer y elaborar su propio alimento. ¿Hasta qué punto es capaz de ingeniárselas una planta para alcanzar la luz? ¡Te asombrarás!

Material necesario

- Caja grande de cartón con separadores y tapa (puedes encontrarla en un supermercado)
- Tijeras
- Tierra de jardín
- Maceta pequeña
- 4 judías secas
- Cinta adhesiva

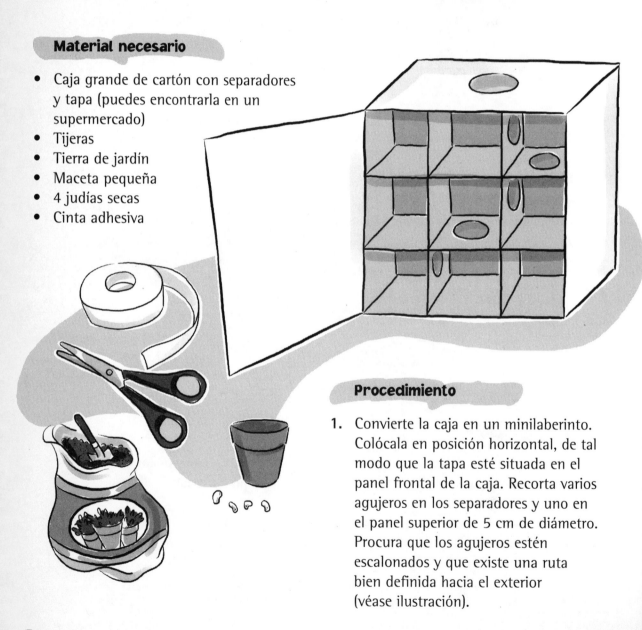

Procedimiento

1. Convierte la caja en un minilaberinto. Colócala en posición horizontal, de tal modo que la tapa esté situada en el panel frontal de la caja. Recorta varios agujeros en los separadores y uno en el panel superior de 5 cm de diámetro. Procura que los agujeros estén escalonados y que existe una ruta bien definida hacia el exterior (véase ilustración).

2. Echa tierra de jardín en la maceta y planta las judías, riega un poco la tierra y pon la maceta en la base de la caja, en una esquina.

3. Cierra la tapa y séllala con cinta adhesiva. La luz sólo debe entrar en la caja a través del agujero superior.

4. Abre la caja cada 2-3 días para regar la planta. Cuando hayas terminado, sella de nuevo la caja. Sigue así durante 2 semanas.

5. ¿Qué empieza a suceder a los pocos días? ¿Cómo se comporta la planta en su largo periplo hasta la luz?

Más ideas...

Si obtienes buenos resultados, podrías decorar la caja para presentarla en clase. Píntala con guaches y añade diseños o dibujos. También puedes pegar figuras recortadas o fotografías.

noria de agua

El ser humano ha utilizado la potencia del agua durante miles de años. El agua hacía girar ruedas de molino para triturar los cereales o también máquinas para aserrar la madera. Construye una noria a la antigua usanza y descubre lo que puedes hacer con ella.

Material necesario

- Tijeras
- Fuente para hornear de aluminio grande
- Regla
- Lápiz
- Cinta adhesiva
- Hilo de 50 cm de longitud
- Juguete pequeño y ligero (animal de plástico, coche de juguete, etc.)

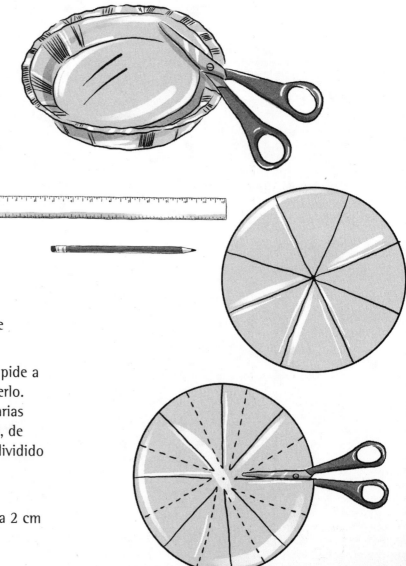

Procedimiento

1. Recorta la base de la fuente de aluminio.

2. Calcula el centro de la base o pide a un adulto que te ayude a hacerlo. Con el lápiz y la regla traza varias líneas que pasen por el centro, de manera que el círculo quede dividido en 8 secciones iguales (véase ilustración).

3. Corta siguiendo las líneas hasta 2 cm del centro.

4. Une, con la regla, un lateral de cada corte hasta la mitad de la sección, doblando los bordes a lo largo de la regla para hacer las palas de la noria, tal y como se indica en la ilustración.

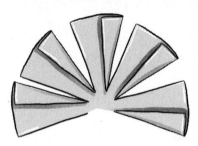

5. Practica un pequeño orificio en el centro de la fuente y pasa el lápiz (véase ilustración), asegurándolo con cinta adhesiva.

6. Abre un grifo y deja que el agua corra en un fino hilillo (tal vez necesites que alguien te ayude). Sostén muy ligeramente los extremos del lápiz entre los dedos y coloca la noria debajo del chorro de agua de tal modo que el hilillo caiga en las palas de la noria. Ésta debería girar uniformemente. Prueba con un chorro más grueso de agua. ¿Qué ocurre?

7. Ata un extremo del hilo al lápiz y el otro al juguete. Coloca de nuevo la noria bajo el agua. ¿Sube el juguete? Si no, prueba con algo más liviano.

Explicación

La noria eleva el juguete porque el agua se precipita en las palas desde una cierta altura. El agua situada a un nivel superior tiene una energía potencial (almacenada), una parte de la cual se transforma en energía cinética (movimiento) al caer. Luego, al girar la noria, la energía se transforma de nuevo en energía mecánica, es decir, del tipo que mueve poleas y otras máquinas.

Hoy en día, los saltos de agua se utilizan para hacer girar grandes turbinas y generar electricidad. Esta potencia hidroeléctrica («hidro» significa «agua») es renovable, ya que la lluvia se encarga de llenar constantemente los ríos y cascadas. Y a diferencia de los combustibles fósiles, el agua no libera dióxido de carbono en el aire. Sin embargo, la potencia hidroeléctrica tiene otros costes ambientales. A menudo, hay que crear los saltos de agua construyendo enormes presas, lo cual destruye grandes áreas de tierra, así como la fauna y la flora que habita en ellas.

Y ahora... publicidad

La mayoría de los espots publicitarios dicen: «Compre más». ¿Por qué no crear uno que diga «No compre tanto»? Comprando menos, producimos menos residuos y contaminación, ahorrando energía.

Material necesario

- Papel y lápiz
- Cinta métrica
- Cartulina rígida
- Rotuladores o lápices de colores
- Papel de dibujo
- Cinta adhesiva
- Tijeras
- Caja de cartón grande
- Espiga grande (1,5 m de longitud) o un viejo mango de escoba para partirla en 2 espigas

Procedimiento

1. Realiza esta actividad con unos cuantos amigos. Genera ideas para diseñar un anuncio publicitario. Fíjate en los espots televisivos para comprobar cómo se venden los mensajes.

2. Una vez perfilado el guión, confecciona un esbozo de las imágenes. Dibuja 8 viñetas en 1-2 hojas de papel para representar las pantallas de televisión. Esboza las principales escenas y numéralas.

3. Ahora escribe un guión (lo que sugerirá el anunciante y lo que dirán los personajes). Si incluyes música, escribe el título de la canción y cuándo empieza y termina. Numera las frases de los personajes para que coincidan con las escenas. Cuando te satisfaga el guión, confecciona una ficha para cada escena, incluyendo el guión en letras grandes en una hoja de cartulina.

4. Dibuja y colorea cada escena en una hoja de papel y luego pégalas con cinta adhesiva verticalmente y por orden. Si lo deseas, puedes usar cartulina negra para el final del espot.

5. Recorta una figura rectangular en el panel frontal de la caja de cartón para representar la pantalla, procurando que la abertura sea 2 cm más pequeña que los dibujos. Dibuja unos cuantos botones en el lateral o en la base de la abertura.

6. Vas a necesitar 2 espigas, de unos 15 cm más largas que la anchura de la caja.

¡ATENCIÓN!
PIDE A UN ADULTO QUE CORTE LAS ESPIGAS.

7. Practica dos orificios en cada panel lateral de la caja, uno arriba y otro abajo, tal y como se indica en la ilustración. Sitúalos a 3 cm de los bordes delanteros. Procura que sean lo bastante grandes como para que las espigas puedan girar con facilidad. Introduce las espigas.

8. Trabajando desde la abertura posterior de la caja, pega con cinta adhesiva en la espiga inferior el borde inferior de la última página en blanco. Haz girar la espiga para enrollar todos los dibujos a su alrededor. Pega el borde superior de la primera hoja en blanco a la espiga superior. Haz girar las espigas para tensar el papel.

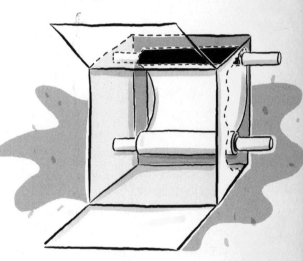

9. Una persona hará rodar las escenas haciendo girar la espiga superior; otra sostendrá las fichas para los actores; y otra se encargará de la música. Practica unas cuantas veces y luego «estrena» el espot ante el público.

Más ideas...

Quizá prefieras representar el espot publicitario con disfraces caseros. Si dispones de una cámara de vídeo, podrías grabar la actuación y proyectarla en el televisor.

5 nuestros amigos los animales y las plantas

Si tuvieras que describir tu escuela a alguien, podrías hablar de los demás niños, de los profesores y de las asignaturas que te gustan o no te gustan. También podrías hablar del aula, el gimnasio o el patio. Pero para completar la panorámica de tu escuela, deberías establecer una relación entre todas estas cosas.

Lo mismo ocurre en el gran mundo exterior. Sería estupendo conocer todos los millones de especies o tipos de plantas y animales, y cómo se encuentran interrelacionados con el entorno que los rodea. Pero lo cierto es que sólo disponemos de detalles acerca de una ínfima fracción de ellos. Aun así, los estamos matando a un ritmo increíble. Algunos científicos estiman que cada hora desaparecen seis especies, y que otras muchas se hallan en peligro de extinción.

Matamos o dañamos a los animales y plantas de innumerables formas: directamente para la alimentación, por deporte y otros usos; e indirectamente construyendo ciudades, fábricas y presas en sus hábitats, y contaminando los lagos y océanos repletos de vida acuática.

Cuando talamos un bosque, destruimos un complejo ecosistema en el que los árboles limpiaban el aire, evitaban las inundaciones y creaban un hogar para miles de especies de vida salvaje. Y ese bosque podría haber formado parte de un ecosistema más amplio que incluyera un río próximo en el que desovaran los salmones.

Necesitamos a nuestros «parientes», los animales y las plantas, para algo más que una fuente de alimentación, madera, ropa, medicinas, etc. Están relacionados con nosotros a través de la evolución y nos proporcionan placer e inspiración, y además nos han acompañado durante cientos de miles de años en nuestro viaje por el cosmos. No conocemos todas las razones por las que son imprescindibles para el ser humano, pero lo peor que podría sucedernos es descubrirlas cuando sea demasiado tarde.

La mejor manera de aprender cosas acerca del mundo natural es explorarlo. Sal de paseo por los campos, los bosques o la playa siempre que tengas la ocasión. Contempla detenidamente sus alrededores. Aprende a esperar; la naturaleza necesita tiempo para mostrarse en toda su plenitud ante tus ojos. Observa las aves volando entre las nubes. Escucha. Presta atención al zumbido de los insectos y al silbido del viento entre los árboles. Inspira profundamente y percibe la fragancia de las flores y la tierra. Cierra los ojos y siente la brisa en la piel y los rayos solares en tu rostro. Perteneces aquí; también es tu hogar.

Recuerda todo esto cuando realices las actividades siguientes. Algunas de ellas te llevarán hasta la naturaleza; dedícales todo el tiempo posible. Aprenderás algunas cosas fascinantes acerca de los animales y las plantas: tus «familiares». Averiguarás cómo se interrelacionan con sus hábitats, con la Tierra y contigo, y encontrarás múltiples ideas para cuidar de ese hogar que todos compartimos.

Cazando bichos en otoño

Por muy divertido que sea, en otoño puedes hacer algo más que saltar sobre montones de hojas secas. También es el momento ideal para echar un vistazo a algunas de las minúsculas criaturas que comparten el vecindario contigo.

Material necesario

- Succionador de insectos (véase p. 93)
- Recipiente grande de plástico (a modo de pala)
- Hojas secas
- Bolsa de basura grande
- Tela blanca de algodón u hoja grande de papel liso y de color pálido
- Lupa
- Cuchara pequeña
- Envase pequeño de yogur
- Material de dibujo

Procedimiento

1. Primero construye el succionador de insectos.

2. Recoge unas cuantas hojas secas con el recipiente de plástico y mételas en la bolsa de basura. Procura pasar el recipiente rastrillando la tierra o a nivel de la hierba, que es donde suelen estar la mayoría de los insectos.

3. Extiende papel de periódico en una mesa o en el suelo y esparce las hojas.

Construcción de un succionador de insectos

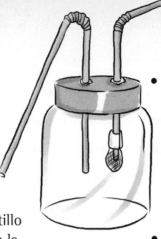

- Consigue un tarro pequeño de cristal con tapa, 2 pajitas flexibles de refresco, un poco de plastilina, un retal de media de nailon y cinta adhesiva.

- Con un clavo y un martillo practica dos orificios en la tapa, lo bastante grandes como para que puedan pasar las pajitas.

¡ATENCIÓN! PIDE LA AYUDA DE UN ADULTO PARA USAR EL MARTILLO Y EL CLAVO.

- Introduce las pajitas en la tapa y sella el espacio sobrante a su alrededor con plastilina. Para confeccionar el succionador corta el extremo exterior de una pajita unos 6 cm y pega el retal de nailon en el otro extremo. Ajusta bien la tapa.

- Para recoger un insecto, coloca la pajita larga sobre él al tiempo que succionas a través de la otra. El insecto caerá en el tarro.

4. Examina detenidamente las hojas con la lupa, y cuando localices un insecto, recógelo con el envase de yogur. Para los bichitos muy pequeños, utiliza el succionador de insectos.

5. Cuando tengas varios insectos, estúdialos con la lupa y dibújalos lo mejor que sepas. ¿Cuántas patas tienen? ¿Cómo se subdivide su cuerpo? ¿Tienen vellosidades? Observa las antenas, las partes de la boca y los diseños cromáticos.

6. Si dispones de una guía de campo de los insectos de tu región, intenta identificarlos. Anota su nombre debajo de cada dibujo y añade algún rasgo característico.

7. Terminado el examen, devuelve los insectos y las hojas al lugar en el que los encontraste.

 ## Más ideas...

- **Confecciona una presentación con los dibujos, distribuyéndolos por grupos (por ejemplo, color, tamaño o tipo de insecto).**

- **Examina más a fondo el insecto que te parezca más interesante y describe su forma de vida y sus hábitos.**

Elabora papel

¿Puedes imaginar un mundo sin papel (sin libros, revistas, papel de dibujo o periódicos)? El papel se elabora con las fibras de los árboles. Se pueden salvar muchísimos árboles reciclando el papel usado. He aquí una forma muy sencilla de elaborar tu propio papel reciclado. Puedes usarlo para confeccionar tarjetas de felicitación, para dibujar o para escribir cartas, ¡o también para diseñar tus tarjetas de visita!

Material necesario

- Un montón de viejos periódicos
- Cuenco grande
- 500 ml (2 vasos) de agua caliente
- 15 ml (1 cucharada) de detergente líquido
- Batidora o licuadora
- Trozo de tela mosquitera para las ventanas (10 × 12 cm)
- Rollo pastelero
- Opcional: zanahoria u otra verdura rallada, colorante para alimentos, hojas, etc.

Procedimiento

1. Cubre una superficie plana con mucho papel de periódico para evitar las salpicaduras.

2. Rasga una hoja de papel de periódico en pedacitos y mételos en el cuenco. Con una hoja de periódico elaborarás 2 o 3 hojas de papel.

3. Añade agua caliente y detergente líquido, y remueve la mezcla. Deja que el detergente empape el papel hasta que esté muy blando (2 horas o más).

4. Bate la mezcla con una batidora o licuadora hasta formar una pasta.

5. Introduce la tela mosquitera en el cuenco y recoge una fina capa de pulpa. Alísala con los dedos para que no queden espacios. Agita ligeramente la tela para eliminar el exceso de agua.

6. Coloca la tela en medio de una hoja grande de periódico, dóblala y dale la vuelta a la tela, de manera que ésta quede sobre la pulpa. ¡Este paso es esencial!

7. Pasa un rollo pastelero sobre el papel para alisarlo y eliminar el exceso de agua. Presiona el rollo con fuerza. Desdobla con cuidado el papel y sepáralo de la tela. Vuelve a doblarlo y pasa de nuevo el rollo pastelero.

8. Retira el papel de periódico húmedo y sustitúyelo por otro seco. Coloca un objeto pesado (libro grande, etc.) sobre el papel de periódico. Si el agua puede dañar el objeto pesado, pon unas cuantas bolsas de plástico debajo del mismo. Deja secar el papel durante un mínimo de 24 horas, y cuando esté seco, retíralo con cuidado.

Más ideas...

- Para elaborar papel de colores, añade unas cuantas gotas de colorante para alimentos en el paso 3.

- Si deseas darle un aspecto de trama, vierte en la mezcla 2 ml (1/2 cucharadita de café) de zanahoria rallada o perejil picado en el paso 4. Y puedes añadir purpurina.

- Imprime diseños de hoja en el papel. Tras haber retirado la tela mosquitera, coloca una o más hojas con el veteado hacia abajo, y pasa el rollo pastelero.

En busca de alimentos

El mundo animal está compuesto de carnívoros (comedores de carne, tales como el gato montés), herbívoros (comedores de plantas, tales como el ciervo) y omnívoros (comedores de carne y plantas, tales como los petirrojos). Simula que eres un animal en libertad. Tienes que buscar comida. ¿Cuánto tiempo podrás sobrevivir?

Material necesario

- Grupo de amigos (estas instrucciones son para 8, pero pueden jugar tantos como quieras)
- Espacio abierto (parque, jardín, etc.)
- Cartulina roja, verde, amarilla y azul
- Tijeras
- Regla
- Hilo o cuerda
- Cinta adhesiva

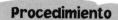

Procedimiento

1. Antes de empezar, confecciona 8 tarjetas de identificación con cartulina. Recorta 2 tarjetas, de 5 × 10 cm, de cada color, y luego recorta 8 trozos de hilo de 60 cm de longitud. Pega los extremos del hilo con cinta adhesiva.

2. Al principio de cada ronda, los jugadores cierran los ojos y eligen una tarjeta para determinar qué animal serán: un carnívoro (rojo), un herbívoro (azul), un omnívoro (amarillo) o una planta (verde), colocándose la tarjeta alrededor del cuello.

3. A continuación se dispersarán. A una señal, empezarán a buscar alimento y esconderse de los depredadores. Si caen en manos de uno de ellos, quedarán eliminados. Los animales pueden buscar su comida particular o esconderse, pero las plantas sólo pueden esconderse.

4. La última planta o animal que consiga sobrevivir gana la ronda y obtiene un punto.

5. En la ronda siguiente, di a los jugadores que el hábitat ha sido destruido por un desastre (inundación, incendio, plaga, deforestación o caza abusiva de los humanos. Designa un jugador (sin tarjeta) para que represente la amenaza. Este jugador no puede ser objeto de caza, pero puede atrapar a los demás. ¿Cuánto ha durado esta ronda y quién ha sido el vencedor?

6. El juego consistirá en un mínimo de diez rondas. Quien haya obtenido más puntos a su conclusión será declarado Mago de la Naturaleza.

Explicación

Los hábitos alimentarios de los animales que viven en libertad tienden a mantener las poblaciones en equilibrio, pero las amenazas graves pueden destruir rápidamente este equilibrio.

Planta un árbol

Plantar un árbol es una de las mejores cosas que puedes hacer para cuidar del entorno. Los árboles son acondicionadores de aire en la naturaleza; contribuyen a que esté fresco y limpio. Asimismo, proporcionan un hogar a la vida salvaje y perpetúan el agua en la tierra. Tus amigos, familiares o compañeros de clase podrían ayudarte en esta tarea.

Material necesario

- Árbol joven
- Pala
- Agua
- Mantillo (hojas secas, agujas de pino o astillas de madera/serrín)

Procedimiento

1. Decide dónde vas plantar el árbol y pide permiso al propietario del terreno, en el Ayuntamiento si deseas hacerlo en suelo urbano, al director de la escuela si pretendes plantarlo en el patio o a tus padres si quieres hacerlo en el jardín (éste podría ser un buen sitio para empezar).

2. Consulta con alguna organización medioambiental local para saber si existen programas en tu área a través de los cuales se faciliten árboles para plantar. De lo contrario, cómpralo en

un vivero o centro de jardinería. Pide al empleado que te ayude a elegir un árbol que pueda crecer bien en la zona en la que vives y que te informe acerca del tipo de tierra que debes utilizar y el mejor lugar donde plantarlo, cuánto sol necesita y si hay alguna información adicional que deberías conocer.

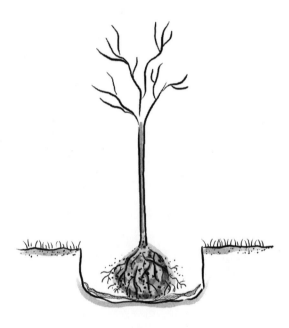

3. Cava un hoyo de la misma profundidad que la bola de raíces y dos veces más ancho. Si la tierra es muy dura, remuévela un poco con la pala.

4. Si el árbol está en un recipiente o bolsa de plástico, retíralo y extiende las raíces con cuidado.

5. Si las raíces están atadas con un hatillo de plantas, retira la cuerda, pero puedes dejar el hatillo en el fondo para que se pudra con el tiempo.

6. Coloca el árbol en el hoyo, llénalo de tierra y asiéntalo bien. Asegúrate de que el nivel de la tierra coincide con la parte superior de la bola de raíces.

7. Construye un pequeño muro de tierra alrededor del hoyo para que no se escape el agua, y luego riégalo en abundancia (alrededor de 10 litros). Deberás seguir regándolo semanalmente durante un año, a menos que llueva o nieve.

8. Apila el mantillo alrededor del tronco del árbol, pero sin tocarlo.

9. ¡Ahí tienes tu árbol! Observa cómo crece al tiempo que lo haces tú.

💡 Más ideas...

- Muchas asociaciones y escuelas organizan Días del Árbol como parte de proyectos de mayor envergadura. Participa como voluntario con unos cuantos amigos. También puedes organizar tu propio proyecto, invitando a algunos grupos de la comunidad (Boy Scouts, etc.).

- Recauda dinero para comprar árboles. Podrías vender pastelitos, tiques para una gincana o lavar coches en el parking de unos grandes almacenes o gasolinera.

Yoga animal

¿Quieres entrar en contacto con tu «animal» interior? Estos antiguos estiramientos de yoga te ayudarán a sentirte más fuerte, relajado y tranquilo. Ponte prendas sueltas y realiza un precalentamiento corriendo sobre el propio terreno durante un par de minutos antes de empezar. Mantén cada posición durante algunos segundos.

LA RANA EN UN NENÚFAR

Siéntate con la espalda recta, las rodillas flexionadas y las plantas de los pies juntas. Sujeta los pies con las manos y tira de ellos hacia dentro tanto como puedas. Imagina que la columna vertebral se alarga. Presiona los muslos hacia el suelo. Mantén la posición y luego relájate.

LA COBRA

Échate boca abajo con los codos flexionados y las manos junto a los hombros. Lentamente, eleva el tronco hasta que los brazos estén estirados. Las caderas deben estar siempre en contacto con el suelo. Mantén la posición y luego relájate, descendiendo de nuevo hasta el suelo.

ESTIRAMIENTO DEL GATO

¡ATENCIÓN! NO FUERCES NUNCA LOS ESTIRAMIENTOS HASTA EL PUNTO DE SENTIR DOLOR. MUÉVETE LENTAMENTE Y RESPIRA CON SUAVIDAD.

Apoya las manos y las rodillas en el suelo, con la espalda resta, tira del cóccix hacia dentro, arquea la espalda mientras bajas la cabeza y mira entre las rodillas. Mantén la posición y luego relájate.

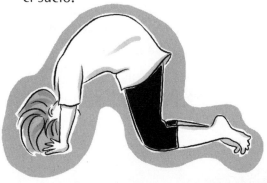

EL MONO

Camina con las manos y las rodillas apoyadas en el suelo, manteniendo las piernas lo más estiradas posible. Detente y eleva paulatinamente el tronco hasta quedar en pie. La cabeza debe ser la última parte del cuerpo en alcanzar esta posición.

EL CAMELLO ARRODILLADO

Arrodíllate con la mano derecha situada sobre el talón derecho, y la mano izquierda sobre el talón izquierdo. Flexiona la cabeza hacia atrás y tira del tórax hacia arriba. Mantén esta posición y luego estira un brazo hacia arriba como si quisieras alcanzar una cuerda. Recupera la posición inicial y relájate. Repite el estiramiento con el otro brazo.

LA CIGÜEÑA EN EL AGUA

Sitúate de pie con la espalda recta, los pies juntos y los brazos a los costados. Flexiona la pierna derecha hacia un lado y apoya el pie en la cara interior del muslo izquierdo lo más alto que puedas. Cuando consigas mantener el equilibrio, eleva lentamente los brazos por encima de la cabeza y estíralos hacia arriba. Mantén la posición y luego relaja la pierna y los brazos. Repítelo con la otra pierna.

LA MEDUSA ADORMILADA

Échate de espaldas con los brazos y las piernas cómodamente abiertos. Cierra los ojos y relájate completamente, como si tus huesos estuvieran hechos de gelatina, como una medusa. Reposa en esta posición, respirando lenta y suavemente, tanto tiempo como quieras.

Bien arraigado

Las plantas son esenciales para la salud de todo ecosistema. Sus hojas limpian el aire; sus ramas dan cobijo a pájaros e insectos, y sus raíces se aferran a la tierra. El suelo ayuda a la planta proporcionándole nutrientes y humedad, pero la planta también ayuda a la tierra en la misma medida. En este experimento descubrirás cuán importantes son las raíces de las plantas para la salud de la tierra.

Material necesario

- Semillas (rábano, mostaza o judías secas)
- Tarro grande de cristal
- Tierra de jardín enriquecida
- Vaso de papel

Procedimiento

1. Pon 5 semillas en el tarro, llénalo de agua hasta la mitad y déjalo en reposo durante 3 días. Las semillas empezarán a germinar.

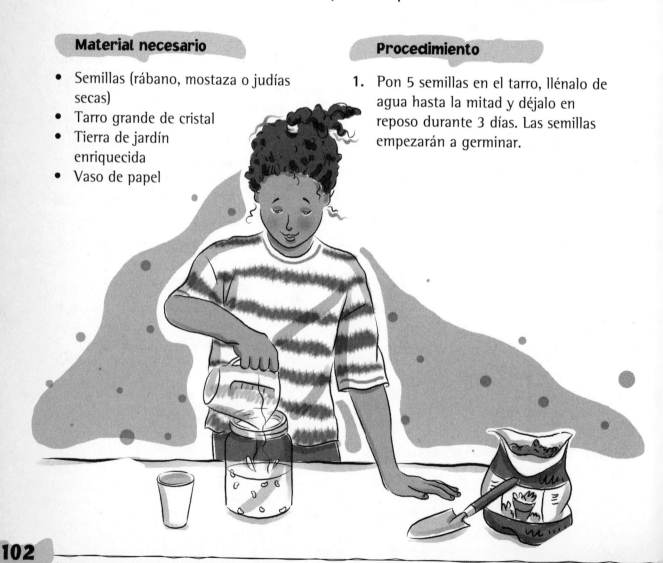

2. Llena el vaso de tierra hasta tres cuartos de su capacidad y planta 3 semillas germinadas, las que tengan un aspecto más saludable. Entiérralas a unos 2 cm debajo de la superficie.

3. Riega un poco la planta y colócala en un lugar soleado durante 2 semanas. Riégala a diario para que se mantenga ligeramente húmeda.

4. Transcurridas 2 semanas, se habrán desarrollado las hojas. Con cuidado, retira el vaso de la tierra. ¿Cómo se han comportado las raíces y qué aspecto tienen? ¿Qué aspecto tiene la tierra? ¿Se desprende de las raíces?

Explicación

Si alguna vez has desherbado dientes de león en el jardín, habrás comprobado cuán robustas son sus raíces. Las raíces mantienen la planta firmemente en el suelo y compactan la tierra . ¿Cómo crees que ayuda esto a la tierra?

Diario de un árbol

Si tienes una mascota sabrás cuántas cosas se pueden aprender acerca de los perros, gatos o peces viviendo con uno de ellos, jugando y observándolo. Lo mismo ocurre con los árboles. Una buena forma de aprender más cosas sobre ellos consiste en «adoptar» un árbol durante una estación o un año.

Material necesario

- Bloc y lápiz
- Cinta métrica
- Lupa
- Material de dibujo y calcograbado
- Opcional: cámara fotográfica

Procedimiento

1. Elige un árbol que no esté demasiado lejos de tu casa; deberás visitarlo a menudo. Ten en cuenta que los árboles de hoja caduca (los que pierden la hoja en otoño) experimentan más cambios que los de hoja perenne.

2. Identifica la especie de árbol de que se trata y consulta algunos manuales o en Internet para obtener más información. Anota en el bloc los datos de interés, como por ejemplo, el nombre científico, dónde crece (montañas, valles, lugares húmedos o secos, etc.), su ciclo vital, los animales que dependen de él para alimentarse o resguardarse de las inclemencias del tiempo o de los depredadores, etc.

3. En tu primera visita, estudia el árbol y descríbelo. Mide la circunferencia del tronco, observa detenidamente la corteza con la lupa y realiza un dibujo o un calcograbado de los diseños de la misma (véase p. 112). ¿Distingues algún animal en el árbol? Cierra los ojos y respira profundamente. ¿A qué huele? ¿Qué oyes?

4. Recoge hojas en primavera, verano y otoño. Prénsalas (véase p. 112) y pégalas en el bloc con cinta adhesiva. Si el árbol tiene flores, podrías prensar una y añadirla a tu colección. Si has elegido un árbol frutal, realiza una impresión de la fruta (véase p. 113) e inclúyela en el bloc.

5. Reserva unas cuantas secciones en el bloc para los animales interesantes que pululen por el árbol. Si anidan los pájaros, identifícalos y observa lo que hacen en verano. Tal vez te apetezca buscar más información sobre ellos. No los asustes. Muévete lenta y sigilosamente, y no te acerques demasiado.

6. Si es posible, visita el árbol semanalmente durante una estación del año, anotando cada vez el día y tus observaciones. Si dispones de una cámara, toma algunas fotografías del árbol en las diferentes estaciones.

💡 Más ideas...

- Bautiza el árbol e incluye una entrada en el diario desde el punto de vista del árbol.

- Tal vez podrías estudiar otros tipos de árboles para apreciar las diferencias con el tuyo.

Mensaje de la Tierra

El lenguaje es sólo una forma de expresar las ideas. También puedes cantar, bailar, dibujar... o gesticular.

Material necesario

- Tus dos manos
- Un poco de imaginación

Procedimiento

Practica este lenguaje de los signos con un amigo, y luego confecciona un mensaje o poema.

deseo

salvar — golpea los dedos

casa — 2 toques

mío

Tierra — desplaza los dedos adelante y atrás

feliz — pasa la mano por el pecho

tú

agua — golpea el mentón

hermoso – círculo alrededor del rostro

árbol – mano adelante y atrás

animales – flexiona los dedos hacia dentro

amigo – entrelaza los índices con yuxtaposición alterna

lluvia

cielo, aire – arco

limpiar – frota la palma de la mano

amor

plantas – cierra la mano, deslízala hacia arriba y ábrela

yo

sol

¡Hogar, dulce hogar!

Los animales viven en hábitats tan dispares como los tórridos y secos desiertos, las selvas pluviales tropicales y el fondo de los océanos. Pero ningún animal puede sobrevivir en cualquier parte. La mayoría de ellos prefiere determinados tipos de hábitat. Descubre cómo viven algunos animales de tu entorno en lo que llaman «hogar».

Material necesario

- Rollo de papel higiénico
- Tijeras
- Lápiz
- 2 cajas grandes del mismo tamaño (zapatos, camisas, etc.) y con tapa
- Cinta adhesiva
- Cartulina
- Unos cuantos animalitos comunes en el área en la que vives (hormigas, lombrices, caracoles, etc.)
- Hojas y otras fuentes de alimento del lugar en el que has encontrado los animales
- Film de plástico
- Botella de agua caliente

Procedimiento

1. Recorta una puerta-alerón en el lateral del rollo de papel higiénico (véase ilustración). Practica unos cuantos orificios en la tapa de las cajas.

2. Traza dos círculos cerca de la base de las cajas, resiguiendo el contorno del rollo de papel. Recorta los círculos y ajusta el tubo del rollo en los dos agujeros, asegurándolos con cinta adhesiva. Ya tienes un «pasillo» que une ambas cajas.

¿ILUMINADO U OSCURO?

Retira los animales, la comida y las bases de cartulina, y repite el experimento. Esta vez, retira la tapa de una caja y cúbrela con film de plástico. Añade comida y observa lo que ha ocurrido el día siguiente. ¿Qué «habitación» prefieren ahora?

¿CALIENTE O FRÍO?

Repite el experimento con las dos tapas ajustadas en las dos cajas y una de ellas apoyada en una botella de agua caliente. Cuando el agua se haya enfriado, llénala de nuevo para que se mantenga muy caliente. Observa lo sucedido transcurridas 4 horas.

¿HÚMEDO O SECO?

1. Recorta un trozo de cartulina del tamaño de la base de cada caja, humedece una de ellas y deja la otra seca. Colócalas en las cajas a modo de suelo.

2. Añade un poco de comida (hojas trituradas, etc.) en cada caja.

3. Pon los animalitos en su nuevo hábitat a través de la puerta-alerón. Ajusta las tapas y cierra la puerta con cinta adhesiva. Transcurridos 2 días, ¿qué «habitación» han elegido los bichitos para vivir?

Cuando hayas terminado, devuelve a los animales al lugar en el que los encontraste. A tenor de los resultados de los tests, ¿qué tres características desean tus animalitos en su hábitat?

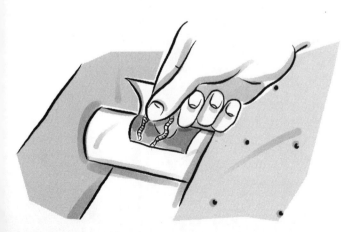

Supervivientes

En este juego de mesa cada jugador dispondrá de tres especies de animales en peligro de extinción. ¿Serás capaz de salvarlos?

Material necesario

- Hoja de cartón blanco (50 × 70 cm)
- Tijeras
- Cinta métrica
- Lápiz, tachuela y cuerda de 60 cm de longitud
- Rotuladores (negro, verde y azul)
- 12 tapones de botella
- Cartulina (marrón, roja, anaranjada y amarilla)
- Pegamento
- Dado

Confección del tablero de juego

1. Recorta un extremo del cartón para hacer un cuadrado de 50 cm en cada lado. Mide y traza un borde de 5 cm alrededor de los bordes.

2. Traza dos líneas diagonales a lápiz, apenas sin apretar, para unir las esquinas del tablero. Con la cuerda, la tachuela y el lápiz traza varios círculos, dejando una distancia de 3 cm entre uno y otro, tal y como se indica en la ilustración. Colorea los círculos, alternando el verde y el azul, y decora el borde.

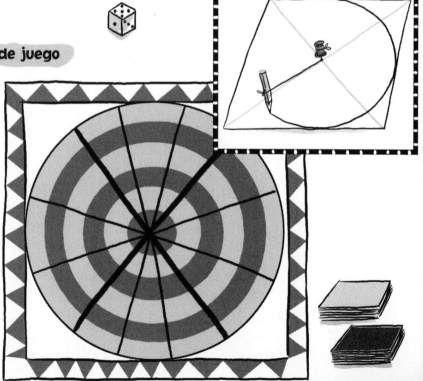

3. Elige 12 especies de animales amenazadas de extinción (busca la información en algún libro o página web, como por ejemplo, la de World Wildlife Fund: http://www.worldwildlife.org/. Confecciona etiquetas para los tapones de botella con cartulina marrón, roja, anaranjada y amarilla (3 de cada color), escribe los nombres de las 12 especies (si es necesario, abreviadas) y pégalas en los tapones. Ya tienes las fichas.

4. Con la cartulina verde y azul recorta y anota lo siguiente:

Tarjetas verdes

Nº de
tarjetas

3	Hábitat destruido: extinción (eliminado del juego)
2	Fusión de glaciar: extinción (eliminado del juego)
3	Polución: retrocede 3 espacios
4	Sequía: retrocede 3 espacios
4	Incendio: un turno sin jugar
2	Construcción de una presa: retrocede 2 espacios
2	Huracán: retrocede 2 espacios
2	Inundación: retrocede 2 espacios
2	Proyecto de construcción cancelado: sigue jugando
4	Leyes de restricción de la caza: avanza 2 espacios
3	Área de conservación: avanza 2 espacios
4	Sol: avanza 1 espacio
4	Lluvia: avanza 2 espacios

Tarjetas azules

Nº de
tarjetas

15	Alimento
15	Hambruna

Desarrollo del juego

1. Baraja cada montón de tarjetas y reparte a cada jugador 3 fichas de animales amenazados de extinción. Los jugadores tirarán el dado por turno y tendrán que sacar un 6 para situar a sus animales en el círculo central.

2. Siempre por turno, los jugadores moverán las fichas el número de espacios que indique el dado, cogiendo la tarjeta superior del color en que hayan ido a parar y siguiendo las instrucciones. Si consiguen una tarjeta azul, la guardarán. Los animales se mueven de uno en uno.

3. Es obligatorio tener una tarjeta de Alimentación cuando un animal llega al borde del tablero, pero si además disponen de una de Hambruna, ésta anulará la anterior y ambas deberán reintegrarse al montón de tarjetas azules. Si no se tiene ninguna tarjeta de Alimentación, habrá que esperar a conseguir una antes de poder salvar el animal.

4. El juego continúa hasta que sólo queda un jugador. Gana el que ha logrado salvar más especies.

Prensa, graba, imprime

En otoño, las plantas se marchitan y mueren, pero si lo deseas puedes conservar una pequeña parte de su belleza presionándolas, realizando grabados e imprimiéndolas. Puedes usar cualquiera de estas técnicas para confeccionar tarjetas de felicitación o papel de regalo, o si lo prefieres, para decorar una carta. Asimismo, puedes pegarlas en un herbario, que podría consistir en una colección de plantas autóctonas del área en la que vives etiquetadas con cuándo y dónde las encontraste.

PRENSADO

Material necesario: Hojas o flores, hojas de papel y libros pesados

Coloca una hoja o flor sobre una hoja de papel y cúbrela con otra hoja de papel. Pon encima unos cuantos libros pesados y déjalo durante 3 semanas.

GRABADOS

Material necesario: Cinta adhesiva, papel blanco, ceras

1. Realiza un grabado de la corteza de un árbol. Elige un árbol cuya corteza presente diseños o marcas interesantes. Pega una hoja con cinta adhesiva, rompe una cera y frótala a lo largo y ancho del papel, con una acción de arriba abajo, hasta que la trama se haya transferido al papel. Ten cuidado, no rasgues el papel.

2. Para realizar un grabado de una hoja, ponla sobre una superficie plana, con el veteado hacia arriba, coloca una hoja de papel sobre ella y frótala con una cera hasta obtener su perfil y veteado.

IMPRESIONES

Material necesario: Hojas prensadas, *gouaches*, papel blanco o de colores, pincel, cutter, bandeja de aluminio para hornear

1. Para hacer una impresión de una hoja, pinta la cara veteada con el pincel y luego presiona ligeramente la hoja en el papel. Cuando la pintura se haya secado, puedes pintar otras hojas de diferentes colores. Conseguirás una atractiva composición.

2. La fruta y las hortalizas, tales como las peras, manzanas o pimientos verdes, también son ideales para las impresiones. Corta una naranja por la mitad y las hortalizas longitudinalmente. Vierte un poco de pintura en la bandeja de aluminio y extiéndela para que cubra toda la base. Humedece la fruta u hortaliza en la pintura, presiónala sobre el papel y luego retírala con cuidado. Para conseguir una impresión nítida, no muevas la fruta u hortaliza cuando está sobre el papel, y luego levántala verticalmente y con una acción rápida. Este método también da excelentes resultados con las setas (imprime la cara inferior de la cazoleta).

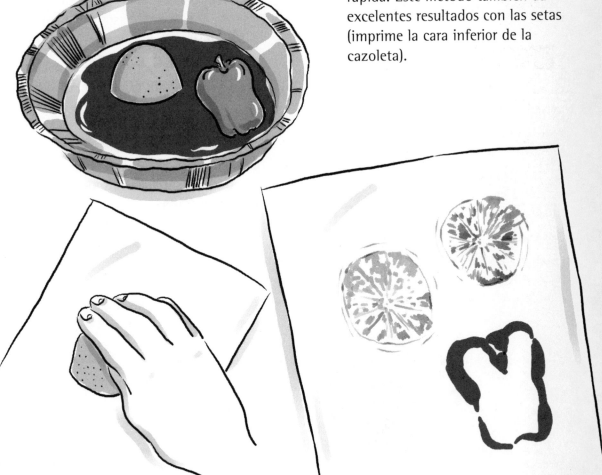

Ecología en casa

Desde tu casa puedes contribuir a preservar y mejorar considerablemente el entorno. Realiza el siguiente test de «casa verde» y descubre qué tal lo estás haciendo.

1. ¿Lo reciclas o lo tiras a la basura? (1 punto por cada respuesta de «reciclado»?

   a) Latas ___
   b) Periódicos ___
   c) Otro tipo de papel ___
   d) Cartón ___
   e) Botellas de cristal ___
   f) Ropa vieja ___
   g) Bolsas de plástico ___
   h) Botellas de plástico ___
   i) Aceite usado del coche ___
   j) ¿Algo más?

   _____

2. ¿Elaboras abono a partir de a) desperdicios de cocina y b) maleza del jardín? (5 puntos por cada uno)

3. ¿Reutilizas los recipientes viejos (tubos de plástico, latas, cajas, briks, etc.) para otros menesteres? Enuméralos (2 puntos cada uno, hasta un máximo de 10 puntos o 5 usos):

   _____
   _____
   _____
   _____

4. ¿Depositas los residuos tóxicos o peligrosos en un vertedero de residuos especial? (10 puntos) _____

Más 1 punto adicional si adivinas cuál de los siguientes productos no es tóxico: pintura, aguarrás, vinagre, ácido de la batería del coche, fármacos, gas de mechero, pesticidas, envases aerosoles en espray. ____

5. ¿Apagas la luz al salir de una habitación? ____

6. En invierno, ¿mantienes una temperatura fresca durante el día (puedes llevar un suéter) e incluso más fresca por la noche? (10 puntos) _____

7. En verano, ¿riegas el césped o el jardín menos de una o dos veces por semana? (10 puntos) _____

8. ¿Utilizas alternativas más seguras y caseras o compras productos «ecológicos» para los siguientes artículos? (2 puntos cada uno)

   a) Limpiacristales _____
   b) Detergente para lavadoras _____
   c) Pesticidas _____
   d) Productos para el suelo _____
   e) ¿Algo más? _____

9. ¿Utilizas trapos (los pañales usados y los paños de cocina son ideales) en lugar de papel de cocina o cualquier otro tipo de tela desechable para limpiar? (10 puntos) _____

10. Añade cualquier hábito ecológico de tu familia que no figure en la lista (por ejemplo, andar, montar en bicicleta, usar el transporte público en lugar del automóvil, comprar productos con el mínimo envasado o con el envasado menos perjudicial para el entorno, etc.) (10 puntos)

_____

11. Ahora, resta 1 punto por cada grifo goteante que encuentres. Menos _____

12. Cuenta el número de electrodomésticos que tienes en casa. Asombrado, ¿verdad? Cuenta las bombillas y no te olvides de cosas tales como cepillos de dientes y abrelatas eléctricos. Comenta con tu familia la posibilidad de prescindir de algunos electrodomésticos. Resta 1 punto por cada uno de ellos. Menos _____

Añade (y sustrae) los puntos obtenidos para obtener el Diploma en Ecología Doméstica: _____

80 a 100	¡Bravo! ¡Superverde como una hoja en verano!
60 a 79	Verde-amarillento como una hoja en primavera
40 a 59	Amarillo pálido y a punto de caer
Menos de 40	¡La hoja está en el suelo!

4. Vinegar

Glosario

atmósfera   Aire que rodea la Tierra.

átomo   La partícula más pequeña de materia.

bacteria   Criaturas tan pequeñas que sólo se pueden ver al microscopio. A menudo, se denominan gérmenes. La mayoría de las bacterias son útiles, y sólo unas cuantas son perjudiciales.

biodegradable   Capaz de ser descompuesto por bacterias y otros organismos vivos.

biodiversidad   Variedad de plantas, animales y ecosistemas del mundo.

carnívoro   Animal que se alimenta de carne, como el leopardo, o planta que atrapa y digiere insectos.

clorofila   Sustancia química de color verde que se encuentra en las hojas de las plantas verdes. Se encargan de realizar la fotosíntesis, transformando la luz solar en energía química.

condensación   Cambio de un gas a un líquido causado habitualmente por un descenso en la temperatura del gas. Por ejemplo, el vapor de agua (gas) en el aire se condensa en forma de gotas de agua (líquido) cuando entra en contacto con el cristal helado de una botella de refresco.

descomponedor   Organismo que se alimenta de plantas y animales muertos, descomponiéndolos en nutrientes. Los descomponedores, tales como las lombrices, bacterias y hongos, devuelven estos nutrientes a la tierra, agua u organismo de los animales que los ingieren.

deforestación   Tala o quema de árboles en un bosque o selva tropical para destinar la zona a tierras de cultivo.

ecología   Estudio de las relaciones entre los organismos y su entorno.

ecosistema   Comunidad de animales y plantas, así como sus relaciones mutuas y con su entorno.

entorno   Seres vivos, clima, tierra, aire y otros factores que rodean un organismo.

erosión   Desgaste del terreno, rocas u otras sustancias sólidas por la acción del viento, agua, hielo, etc.

evaporación   Cambio de un líquido a gas, a causa generalmente de un ascenso en la temperatura. Por ejemplo, el agua (líquido) se transforma en vapor de agua (gas) al hervir.

filtrar   Eliminar las partículas sólidas de un líquido o gas pasándolo a través de un filtro (piedras, pizarra, papel de filtro, etc.).

fósil   Restos o impresión que se ha conservado en una roca de una planta o animal que vivió en épocas remotas.

hongo   Organismo similar a una planta, pero que no tiene clorofila y se reproduce por esporas en lugar de semillas. Las setas, el orín y el moho son ejemplos de hongos.

geotrópico   Que tiende a crecer hacia la tierra. Las raíces de las plantas, por ejemplo, son geotrópicas. En griego, «geo» significa «tierra».

hábitat   Lugar en que un animal o planta vive o crece en la naturaleza.

heliotrópico   Que tiende a crecer hacia el sol. Por ejemplo, las flores son heliotrópicas. Helios era el dios griego del sol.

herbívoro   Animal que se alimenta de plantas, como por ejemplo, los ciervos y los hipopótamos.

humus   Parte orgánica de la tierra compuesta, en parte, de plantas arraigadas y materia animal.

irrigación   Sistema que canaliza el agua hasta la tierra seca mediante tuberías o acequias.

energía cinética   Energía relativa al movimiento.

masa   Cantidad de materia que contiene un cuerpo y que le confiere peso.

energía mecánica   Energía producida por máquinas tales como norias o poleas.

microscópico   Diminuto, que sólo se puede ver a través del microscopio.

molécula   Grupo de átomos. Toda la materia está compuesta de moléculas. Cada sustancia tiene un tipo diferente de moléculas. Las del agua, por ejemplo, son distintas de las de la sal.

no renovable   Incapaz de renovarse (por ejemplo, un recurso o forma de energía, como el carbón o el petróleo, que se puede agotar, pues sólo existe una determinada cantidad del mismo en el mundo).

omnívoro   Animal que se alimenta de aplantas y animales por un igual (por ejemplo, el oso).

orgánico   Derivado de las plantas o animales.

organismo   Planta o animal vivo.

fotosíntesis   Proceso por el cual las plantas verdes absorben dióxido de carbono y vapor de agua del aire y, utilizando la luz del sol y la clorofila (material de color verde de las hojas), elaboran alimento y exhalan oxígeno.

energía potencial   Energía almacenada. El agua en lo alto de una cascada tiene energía almacenada, una parte de la cual se libera al caer.

presión   Fuerza con la que ejerce presión un objeto sobre otro.

reciclar   Triturar, fundir o cambiar de cualquier otro modo algo que ya ha sido usado para fabricar un objeto nuevo en lugar de tirarlo a la basura. Por ejemplo, las botellas de cristal se pueden triturar y añadirlo al alquitrán, y el papel viejo se puede utilizar para elaborar más papel.

renovable   Capaz de regenerarse o ser sustituido una y otra vez. Por ejemplo, los árboles, el agua, los gases tales como el metano, y la luz solar son fuentes de energía renovables.

solar   Relacionado con el sol.

especies   Grupo de plantas o animales que comparten determinadas características y se pueden reproducir entre sí. El perro doméstico y el camello africano son ejemplos de especies.

estoma   Poro microscópico en la superficie de las hojas y tallos a través del cual se liberan y se absorben los gases.

transpiración   Liberación de vapor de agua en las plantas.

vacío   Espacio sin aire. Un vacío parcial es un espacio del que sólo se ha succionado una parte del aire.

Agradecimientos

Los autores han consultado innumerables fuentes para recopilar toda la información necesaria con la que confeccionar este libro. Queremos dar las gracias muy especialmente a: Susan V. Bosak con Douglas A. Bosak y Brian A. Puppa, *Science Is...*, 2ª edición (Richmont, Ont, Scholastic Canada, y Markham, Ont, The Communication Project, 1991); *The Animal Kingdom: Science Activities for the Study of Animals y Soil: Science Activities for the Study of the Earth* (Vancouver, Mindscape Publishing Co., 1989); David Suzuki con Barbara Hehner, *Looking at Plants* y *Looking at the Environment*, Stoddart Young Readers Series (Toronto, Stoddart, 1985 y 1989) [*Descubre las plantas* y *Descubre el medio ambiente*, ambos publicados por Ediciones Oniro] y Brenda Walpone, *Exploring Nature Funstation* (Los Ángeles, Price Stern Sloan, 1995, producido por Design Eye Holdings).

Gracias también a Chuck Heath, de Ridgeway Elementary School, en North Vancouver, B.C., y a Gordon Li, de Marlborough School, en Burnaby, B.C., por la revisión del manuscrito; a los estudiantes de Marlborough School, que experimentaron con algunas de las actividades; Melanie Huddart, Jennifer Glossop, Janet McCutcheon, Marilyn Roy, Sharon Sterling, Karen Virag, y Farida Wahab por su ayuda y consejo; Nancy Flight por su experta edición; Warren Clark y Jane Kurisu por haber dado un aspecto atractivo al libro; y Tony Makepeace por su dedicación.

Si deseas ponerte en contacto con el autor, puedes dirigirte a:

DAVID SUZUKI FOUNDATION
Suite 219, 2211 West 4th Avenue
Vancouver, British Columbia V6K 4S2
CANADÁ

o también visitar su página web:

www.davidsuzuki.org

► EL JUEGO DE LA CIENCIA ◄

Títulos publicados: